AKADEMIE
WISSENSCHAFTEN
UND KÜNSTE
NORDRHEIN-WESTFALEN

Nordrhein-Westfälische Akademie
der Wissenschaften und der Künste

Ingenieur- und Wirtschaftswissenschaften

Vorträge · IW 30

Herausgegeben von der
Nordrhein-Westfälischen Akademie der Wissenschaften und der Künste

STEFAN PISCHINGER
JÖRG SEIBEL

Hybridantriebe für Pkw: Die optimale Kombination von Verbrennungsmotor und Elektroantrieb

Ferdinand Schöningh

Paderborn · München · Wien · Zürich

61. Sitzung am 3. Juni 2009 in Düsseldorf

Bibliografische Information der Deutschen Nationalbibliothek

Die Deutsche Nationalbibliothek verzeichnet diese Publikation in der Deutschen Nationalbibliografie; detaillierte bibliografische Daten sind im Internet über http://dnb.d-nb.de abrufbar.

Gedruckt auf umweltfreundlichem, chlorfrei gebleichtem und alterungsbeständigem Papier ∞ ISO 9706.

(Verlag Ferdinand Schöningh GmbH & Co. KG, Jühenplatz 1, D-33098 Paderborn)

Internet: www.schoeningh.de

Printed in Germany. Herstellung: Ferdinand Schöningh, Paderborn

ISBN 978-3-506-76918-3

Inhaltsverzeichnis

1 Einleitung 7

2 Lösungsansatz 11
2.1 Parametrisierte Beschreibung der Antriebstrangkomponenten und der Betriebsstrategie 14
2.2 Simulation des leistungsverzweigten Hybriden 23
2.3 Simulation des Parallelhybrids 24
2.4 Simulation und numerische Optimierung 25

3 Ergebnisse der Modellierung und Optimierung 29

4 Zusammenfassung 39

5 Danksagung 43

6 Formelzeichen und Abkürzung 45

7 Literatur 49

1 Einleitung

Die Entwicklung neuer Antriebe ist zum einen durch Bemühungen um eine weitere Absenkung des Kraftstoffverbrauchs geprägt, zum anderen soll auch die Fahrdynamik neuer Fahrzeugantriebe gesteigert werden. Eine aktuell häufig diskutierte Alternative zur Erfüllung beider, zunächst widersprüchlich erscheinender Ziele, stellt der Hybridantrieb dar.

Unter Hybridantrieben werden Antriebssysteme mit mehr als einer Antriebsquelle verstanden, wobei die zurzeit diskutierten Fahrzeuge zusätzlich zum Verbrennungsmotor mindestens einen Elektromotor und mehrere Energiespeicher aufweisen. Antriebstrangauslegung und Betriebsstrategie haben dabei zum Ziel, die Vorteile der verschiedenen Antriebsmaschinen optimal zu nutzen, um Vorteile insbesondere im Kraftstoffverbrauch und bei Fahrleistungen sowie Emissionen zu erhalten. Je nach Grad der Hybridisierung, d.h. Anteil der installierten elektrischen Leistung, lassen sich mehrere Vorteile gegenüber konventionellen Antriebskonzepten erzielen. So reichen die Optionen von Verbrennungsmotor Start-Stopp über eine Anfahrunterstützung durch die elektrischen Maschinen (Boosten) und Rückgewinnung der Bremsenergie (Rekuperation) bis hin zum rein elektrischen Fahren. Zusätzlich können die Verbrennungsmotor-Betriebspunkte in verbrauchsgünstigere Bereiche verschoben werden. Abb. 1-1 zeigt mögliche Betriebsmodi eines Vollhybrid-Fahrzeugs.

Durch unterschiedliche Anordnung der Antriebstrangkomponenten lassen sich verschiedene Ausführungsarten des Hybridantriebs realisieren (Abb. 1-2). In Parallelhybriden sind Verbrennungsmotor und Elektromotor beide mechanisch mit den Antriebsrädern verbunden. Dies erfordert Kupplungen und ein Getriebe. Der Verbrennungsmotor und der Elektromotor können getrennt oder gleichzeitig betrieben werden. In seriellen Hybridantrieben besteht keine direkte mechanische Verbindung zwischen Verbrennungsmotor und den Antriebsrädern. Der Verbrennungsmotor treibt einen Generator an, der die elektrische Energie zum Antreiben der Antriebsräder über Elektromotoren liefert und / oder Energie in einen Energiespeicher speichert. Der Verbrennungsmotor kann daher weitgehend unabhängig vom Fahrzustand im verbrauchsoptimalen Bereich betrieben werden. Die Energiewandlungsverluste reduzieren jedoch den Systemwirkungsgrad.

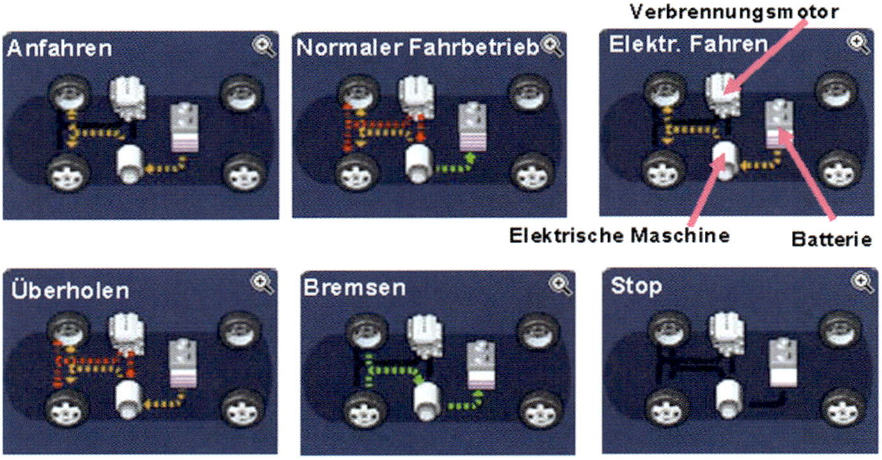

Abb. 1-1: Betriebsmodi eines Vollhybrid-Fahrzeugs /4/

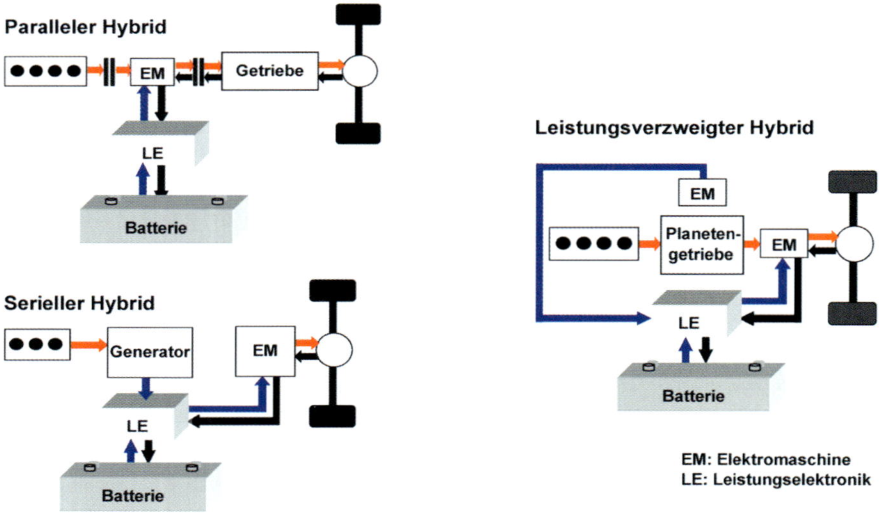

Abb. 1-2: Hybridtopologien

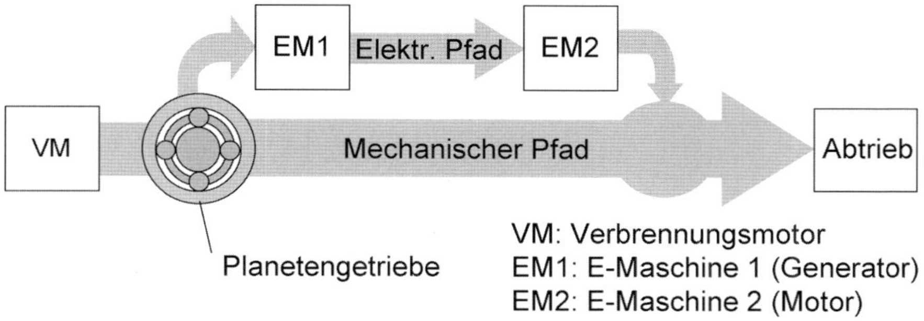

Abb. 1-3: Leistungsverzweigung

In leistungsverzweigten Hybriden werden Planetengetriebe zur Aufteilung der Leistung in elektrischen und mechanischen Pfad benutzt (Abb. 1-3). Die über den mechanischen Pfad übertragene Leistung wird über das Planetengetriebe direkt an die Antriebsräder geleitet. Der restliche Teil der Leistung wird über den elektrischen Pfad übertragen. Der Generator (EM1) wandelt die mechanische Energie des Verbrennungsmotors in elektrische Energie um und speist einen Elektromotor (EM2), der Drehmoment zum Antrieb des Fahrzeugs zur Verfügung stellt. Die Kombination aus Planetengetriebe und Elektromaschinen stellt ein elektrisches stufenloses Getriebe (elektrisches CVT) dar. Ein Schaltgetriebe wird daher nicht benötigt.

Eine grafische Interpretation der Planetenraddrehzahlen für die Antriebstrangstruktur des leistungsverzweigten Hybrids stellt der im linken Teil in Abb. 1-4 dargestellte Kutzbach-Plan dar. Die drei vertikalen Achsen repräsentieren die Planetenraddrehzahlen: linke Achse → EM1-Drehzahl, mittlere Achse → Verbrennungsmotor-Drehzahl, rechte Achse → EM2-Drehzahl (proportional zur Fahrgeschwindigkeit). Der Abstand zwischen den Achsen ist durch die Zähnezahl von Hohl- und Sonnenrad festgelegt.

Da der Elektromotor EM2 mechanisch mit den Antriebsrädern verbunden ist, ist die Drehzahl des Hohlrads proportional zur Fahrzeuggeschwindigkeit. Zudem hängen die Drehzahlen der drei Achsen des Planetengetriebes direkt voneinander ab. Eine Variation der Drehzahl von EM1 (und damit der Sonnenraddrehzahl) bewirkt daher eine Variation der Planetenträgerdrehzahl (und damit der Verbrennungsmotordrehzahl). Dieser Effekt kann dazu benutzt werden, um die Verbrennungsmotor-Betriebspunkte entlang der Leistungshyperbel zu verschieben (Abb. 1-4 rechts). Im Teillastbetrieb kann die Verbrennungsmotordrehzahl abgesenkt und das Drehmoment erhöht werden. Dies

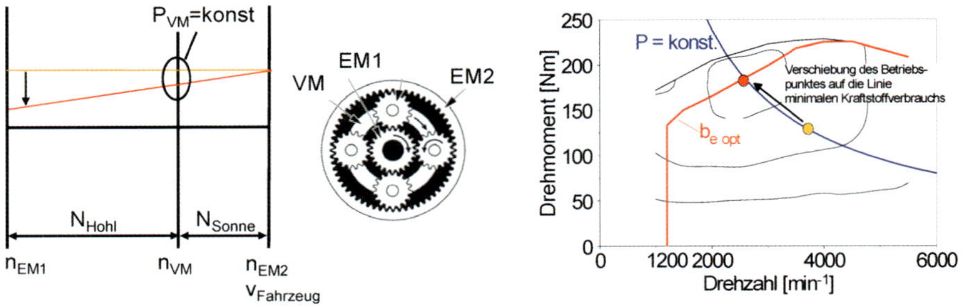

Abb. 1-4: Mögliche Betriebsmodi des leistungsverzweigten Hybrids

führt zu einer Verbesserung des Verbrennungsmotorwirkungsgrades. Die Verbrennungsmotordrehzahl wird dabei durch EM1 geregelt.

2 Lösungsansatz

Aufgrund der Vielzahl an Antriebstrangkomponenten in Hybridsystemen kann eine Optimierung des Gesamtsystems nicht mit herkömmlichen Methoden erfolgen. Im Rahmen des von der Forschungsvereinigung Verbrennungsmotoren (FVV) geförderten Projektes *„Optimierte Auslegung von Ottomotoren in Hybrid-Antriebsträngen“* wurde am Lehrstuhl für Verbrennungskraftmaschinen der RWTH Aachen (VKA) eine Kombination aus Simulation und numerischen Optimierungsverfahren benutzt /1/.

Dafür wurde eine Kombination aus statistischer Versuchsplanung („Design of Experiments“, DoE), Simulation und numerischer Optimierung für die Auslegung von Verbrennungsmotor, Antriebstrang-Komponenten und Betriebsstrategie verwendet. In Abb. 2-1 ist der Lösungsweg dargestellt.

Zunächst erfolgt eine parametrisierte Beschreibung des Verbrennungsmotors. Dabei werden die Einflüsse geometrischer Parameter wie z. B. Hubvolu-

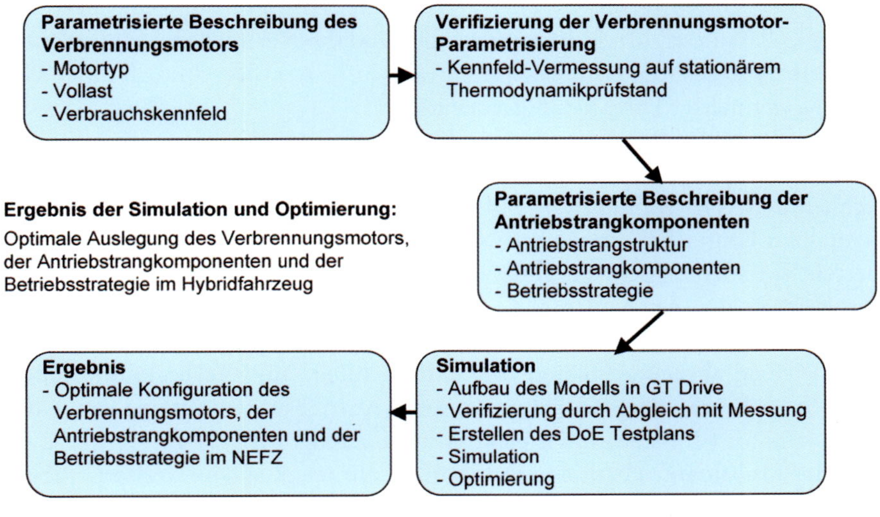

Abb. 2-1: Lösungsansatz

men und Verdichtungsverhältnis sowie laufzeitabhängiger Parameter wie z. B. Öltemperatur und Kühlwassertemperatur auf das Betriebsverhalten des Verbrennungsmotors (z. B. Kraftstoffverbrauchskennfeld, Reibmitteldruckkurve) mit Hilfe empirischer Modelle abgebildet. Die parametrische Beschreibung des Verbrennungsmotors wurde durch Kennfeldvermessung eines realen Motors verifiziert. Analog zur parametrisierten Beschreibung des Verbrennungsmotors werden Parametermodelle der übrigen Antriebstrangkomponenten und vorher definierter Betriebsstrategie-Faktoren erstellt. Mit Hilfe der parametrisierten Beschreibungen werden im nächsten Schritt Simulationsmodelle aufgebaut, die eine Variation der Antriebstrangkomponenten sowie einzelner Betriebsstrategie-Parameter erlauben. Die Plausibilitätsprüfung der Simulationsmodelle erfolgt durch Vergleich mit Messdaten realer Hybridfahrzeuge. Aufgrund der großen Anzahl an Variablen werden statistische Methoden („Design of Experiments“, „DoE“) zur Planung der Simulationsrechnungen verwendet. Die Testpläne geben dabei die zu simulierenden Kombinationen der Antriebstrang- und Betriebstrategie-Parameter vor. Mit den so definierten Antriebstrangkonfigurationen werden Simulationsrechnungen für ein Durchfahren des Neuen Europäischen Fahrzyklus (NEFZ), einer Beschleunigung von 0 – 100 km/h, einer Beschleunigung von 80 – 120 km/h (Elastizität) und eine Berechnung der Steigfähigkeit durchgeführt. Die Kombination aus Antriebstrang-Konfiguration und Antwortgröße (Kraftstoffverbrauch im NEFZ, Beschleunigungs- und Elastizitätszeit sowie Steigfähigkeit) ermöglicht eine Polynombeschreibung für jede Antwortgröße aufzubauen. Die Polynome erlauben eine Berechnung des Wertes der Antwortgröße für eine Variation der Antriebstrang- und Betriebsstrategie-Parameter. Mit Hilfe numerischer Verfahren erfolgt eine Optimierung des Antriebstrangs im Hinblick auf minimalen Kraftstoffverbrauch unter Einhaltung definierter Fahrleistungszielwerte.

Aktuelle Hybridfahrzeuge sind meist als parallele oder leistungsverzweigte Hybride ausgeführt. Leistungsverzweigte Hybride weisen aufgrund der Möglichkeit den Verbrennungsmotor-Betriebspunkt frei zu wählen ein großes Potential zur Kraftstoffverbrauchseinsparung auf. Der Vorteil paralleler Hybride besteht vor allem in dem, gegenüber leistungsverzweigten Hybriden, einfacheren Aufbau des Antriebstrangs. Abb. 2-2 zeigt die untersuchten Antriebstränge. Dabei werden alle Hybridantriebstränge als Vollhybride simuliert, d.h. alle Hybridfahrzeuge bieten die Möglichkeit für Verbrennungsmotor Start/Stop, Bremsenergie-Rückgewinnung, Antriebsunterstützung durch den Elektromotor (Boosten) sowie elektrisches Fahren.

Jeder Hybridantriebstrang wird in drei Fahrzeugklassen simuliert. Tabelle 2-1 zeigt die in der Simulation verwendeten Fahrzeugdaten. Diese Daten spiegeln jeweils typische Werte des aktuellen Technikstandes wider.

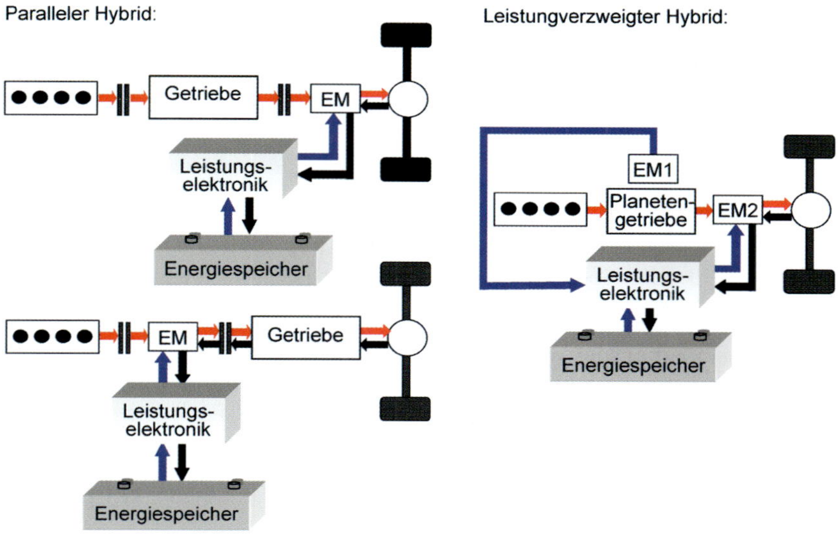

Abb. 2-2: Simulierte Hybridtopologien

	Kompaktklasse-Fahrzeug	Mittelklasse-Fahrzeug	SUV-Klasse-Fahrzeug
Allgemeine Fahrzeugdaten:			
• Radabmessungen	195/65/R15	205/55/R16	275/75/R19
• $m_{Fzg,\ Basis}$	1300 kg	1500 kg	2300 kg
• zul. Gesamtgewicht	1700 kg	1900 kg	2700 kg
• $c_W \cdot A$	0.6 m^2	0.7 m^2	1.0 m^2
• f_R	0.01	0.011	0.014
Fahrleistungszielwerte:			
• v_{max}	180 km/h	210 km/h	210 km/h
• Beschl. 0-100 km/h	10.5 s	10.0 s	8.5 s
• Elastizität 80-120 km/h	16.5 s	16.0 s	15.5 s
• Steigfähigkeit	33%	33%	40%

Tabelle 2-1: Daten der simulierten Fahrzeugklassen

Tabelle 2-1 enthält allgemeine Fahrzeugdaten sowie Fahrleistungszielwerte, die für die spätere Optimierung einzuhalten sind.

- Allgemeine Fahrzeugdaten:

In dieser Zeile sind die Fahrzeugdaten aufgeführt, die innerhalb einer Fahrzeugklasse konstant gehalten werden. Neben der Reifengröße betrifft dies auch die Daten zur Berechnung der Fahrwiderstände. Die Fahrzeugmasse $m_{Fzg, Basis}$ charakterisiert die Fahrzeugmasse des Basisfahrzeugs ohne Hybridkomponenten. In Abhängigkeit der Dimensionierung der einzelnen Hybridkomponenten wird auf diese Masse ein Zusatzgewicht addiert, z. B. Masse der Elektromaschine in Abhängigkeit der maximalen Elektromaschinenleistung. Die so berechnete Fahrzeugmasse wird für die Simulation des Kraftstoffverbrauchs im NEFZ und für die Simulation der Fahrleistungen verwendet. Die Berechnung der Steigfähigkeit erfolgt auf Basis des in Tabelle 2-1 angegebenen zulässigen Gesamtgewichts des Fahrzeugs. Dieses ist innerhalb einer Fahrzeugklasse konstant.

- Fahrleistungszielwerte:

Um vergleichbare Fahrleistungen unabhängig von Verbrennungsmotortyp und Antriebstrangkonfiguration zur gewährleisten, sind die in Tabelle 2-1 aufgeführten Fahrleistungszielwerte einzuhalten. Die Zielwerte für Maximalgeschwindigkeit und Steigfähigkeit sollen dabei ohne Batterieunterstützung erreicht werden, um ein zeitinvariantes Verhalten unabhängig vom Batterieladezustand zu garantieren. Der Hubraum des Verbrennungsmotors wird daher so angepasst, dass die gleiche Maximalgeschwindigkeit mit allen Verbrennungsmotortypen innerhalb einer Fahrzeugklasse erreicht wird. Die Simulation von Beschleunigung und Elastizität erfolgt mit Batterieunterstützung.

2.1 Parametrisierte Beschreibung der Antriebstrangkomponenten und der Betriebsstrategie

Durch die parametrisierte Beschreibung können die Antriebstrangkomponenten und bestimmte Betriebsstrategie-Parameter im Simulationsmodell variiert werden. In der parametrisierten Beschreibung ist der Einfluss der Parameter getrennt von den übrigen Einflüssen beschrieben. Parametrisierte Beschreibungen werden für die in Tabelle 2-2 aufgeführten Parameter durchgeführt:

Komponente	Parameter	Variationsbereich	Einfluss auf:
Verbrennungsmotor	Zylinderhubraum	0.2 – 0.6l	• Zylinderzahl • Ind. Wirkungsgrad • Ind. Mitteldruck an der Vollast • Reibmitteldruck • Massenträgheit
	Verdichtungsverhältnis	8 – 14 (abh. von Motortyp)	• Ind. Wirkungsgrad • Ind. Mitteldruck an der Vollast
Elektromaschine	Maximalleistung der E-Maschine	10 – 85 kW	• Kurve maximalen Drehmoments • Gewicht • Massenträgheit
Elektrischer Energiespeicher	Kapazität des Energiespeichers	3 – 12 Ah	• Maximale Leistung • Gewicht
Planetengetriebe (nur leistungsv. Hybrid)	Übersetzungsverhältnis i1	0.2 – 0.4	
Automatisiertes Schaltgetriebe (nur Parallelh.)	Getriebeauslegung	i_1 = f(Steigfähigkeits-Zielwert in Tabelle 2-1)	• Gangübersetzungen
Betriebsstrategie	k1 - Maximalleistung für elektrisches Fahren	3500 – 11500 W	• Maximalleistung für elektrisches Fahren
	k2 – Einfluss des Batterieladezustands	200 – 1800 W	• Angeforderte Leistung zum Laden der Batterie
	k3 – Limitierung der Lastpunktverschiebung (nur leistungsv. Hybrid)	0.2 – 0.9	• Drehzahl und Drehmoment des Verbrennungsmotors
	k4 – Stufensprungverhältnis (nur Parallelh.)	0.95 – 0.4	• Gangübersetzung 6. Gang

Tabelle 2-2: Parametrisierte Größen

2.1.1 Parametrisierung des Verbrennungsmotors

Für den Verbrennungsmotor werden sieben verschiedene Varianten gewählt. Das thermodynamische Verhalten, wie z. B. Wirkungsgrad oder Verlauf der Vollast, entstammt Messungen an Stationärprüfständen. Abb. 2-3 zeigt die Verbrauchskennfelder (hier effektiver spezifischer Verbrauch) der simulierten Motorkonzepte.

Basierend auf den Daten und Kennfeldern der Originalmotoren werden Variationen der Parameter Zylinderhubraum und Verdichtungsverhältnis durchgeführt. Dies geschieht mit Hilfe der parametrisierten Beschreibung des Verbrennungsmotors, die auf Basis von Prüfstandsmessungen mehrerer untersuchter Motoren erstellt wurde. Mit Hilfe der parametrisierten Beschreibung können, ausgehend von den Originalkennfeldern, die Kennfelder für eine modifizierte Motorkonfiguration generiert werden. Zusätzlich müssen zur Berechnung des Kraftstoffverbrauchs zeitabhängige Funktionen berücksichtigt werden. Abb. 2-4 zeigt die Vorgehensweise für die Berechnung des Kraftstoffverbrauchs in Abhängigkeit der geometrischen Motordaten und laufzeitabhängiger Parameter.

Mit Hilfe der Parametrisierung werden die Einflüsse auf den inneren Wirkungsgrad und den mechanischen Wirkungsgrad getrennt betrachtet. Die Be-

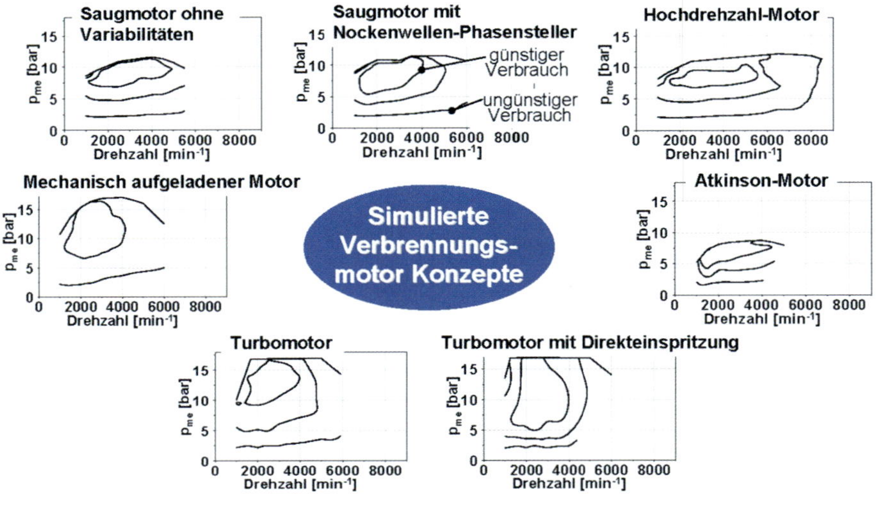

Abb. 2-3: Verbrauchskennfelder der simulierten Motortypen

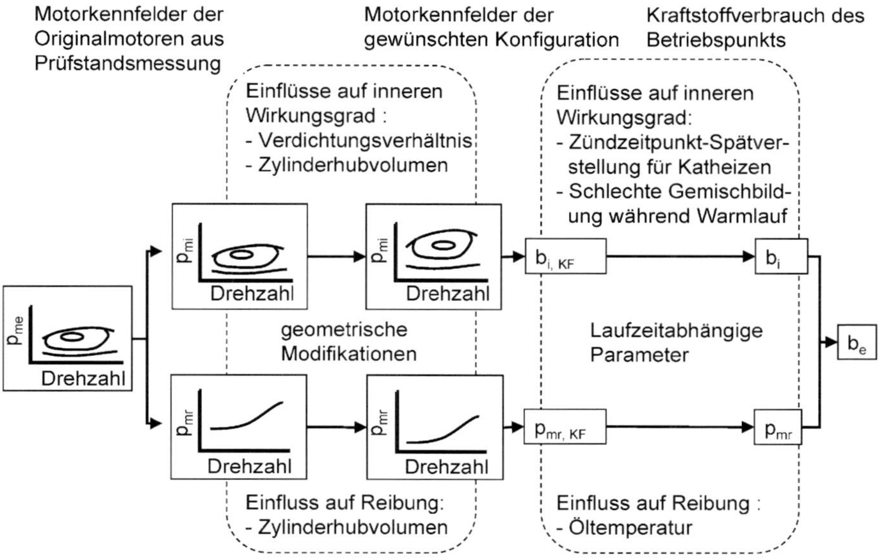

Abb. 2-4: Berechnung des Kraftstoffverbrauchs der modifizierten Verbrennungsmotoren

rechnung des effektiven Wirkungsgrads erfolgt durch Addieren bzw. Subtrahieren von Korrekturtermen auf den bzw. vom inneren Wirkungsgrad des Originalmotors:

$$\eta_e = \eta_{i\,Basis} + \underbrace{\Delta\eta_i\,(V_h - V_{h\,Basis})}_{\text{Zylinderhubvolumen}} + \underbrace{\Delta\eta_i\,(\varepsilon - \varepsilon_{Basis})}_{\text{Verdichtungverhältnis}} + \underbrace{\Delta\eta_i\,(\eta_{iWarmlauf} - \eta_{iBasis})}_{\text{Warmlauf}}$$

$$-\left[\Delta\eta_{R\,Basis} + \underbrace{\Delta\eta_R\,(V_h - V_{h\,Basis})}_{\text{Zylinderhubvolumen}} + \underbrace{\Delta\eta_R\,(T_{Öl} - T_{Öl\,Basis})}_{\text{Öltemperatur}}\right]$$

2.1.2 Parametrisierung der elektrischen Maschine

Als elektrische Maschinen wurden permanenterregte Synchronmaschinen (PSM) sowie Asynchronmaschinen (ASM) simuliert. Die Wirkungsgradkennfelder für beide Maschinentypen stammen aus Prüfstandsmessungen.

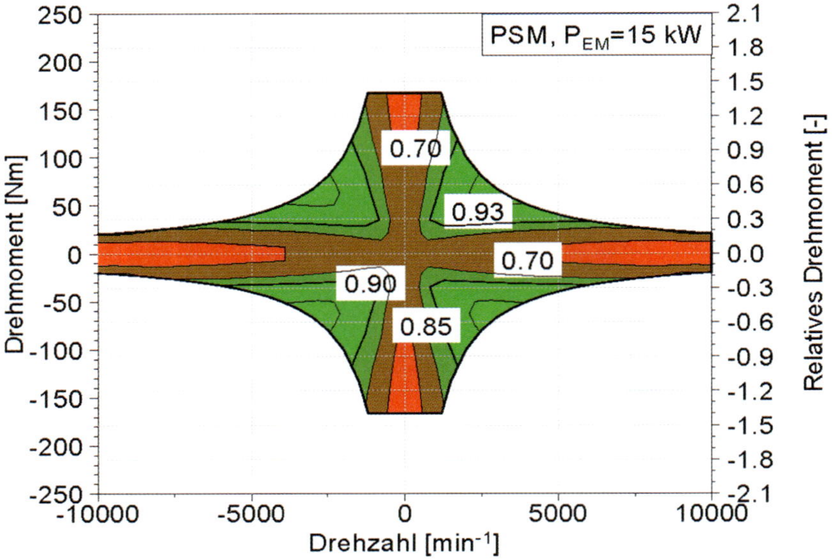

Abb. 2-5: Kennfeld der permanenterregten Synchronmaschine (PSM)

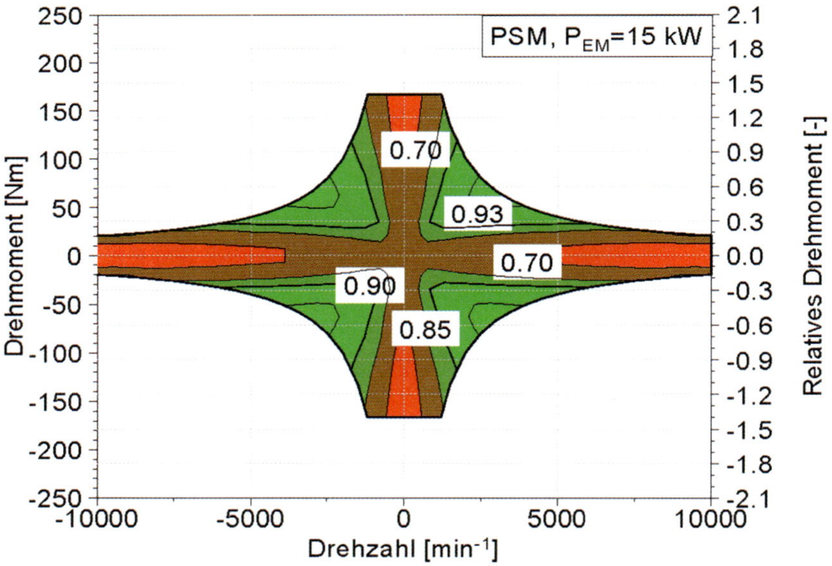

Abb. 2-6: Kennfeld der Asynchronmaschine (ASM)

Abb. 2-5 und Abb. 2-6 zeigen exemplarisch Kennfelder beider Maschinentypen. Die Wirkungsgradkennfelder stammen aus Prüfstandsmessungen. Die Maximaldrehzahl beider Maschinentypen betragen 10 000 min^{-1}. Für die PSM wurde eine Eckdrehzahl von 1200 min^{-1} und für die ASM eine Eckdrehzahl von 800 min^{-1} gewählt.

Sowohl Typ der elektrischen Maschine als auch die Maximalleistung sind Parameter, die im Simulationsmodell variiert und mittels numerischer Methoden optimiert wurden. In Abhängigkeit der Maximalleistung der elektrischen Maschinen wurde ein Zusatzgewicht auf das in Tabelle 2-1 angegebene Basis-Fahrzeuggewicht addiert.

2.1.3 Betriebsstrategie

Da eine Modifikation einzelner Antriebstrangkomponenten Einflüsse auf das Gesamtsystem hat, muss die Betriebsstrategie für jede Antriebstrangkonfiguration optimiert werden, um das Potential des modifizierten Antriebstrangs voll auszuschöpfen. Für die Untersuchungen wurden vier Betriebsstrategie-Faktoren ausgewählt. Diese Faktoren wurden, zusammen mit den Faktoren der Antriebstrangkomponenten, im Simulationsmodell mittels DoE-Verfahren optimiert.

Maximalleistung für elektrisches Fahren – k1

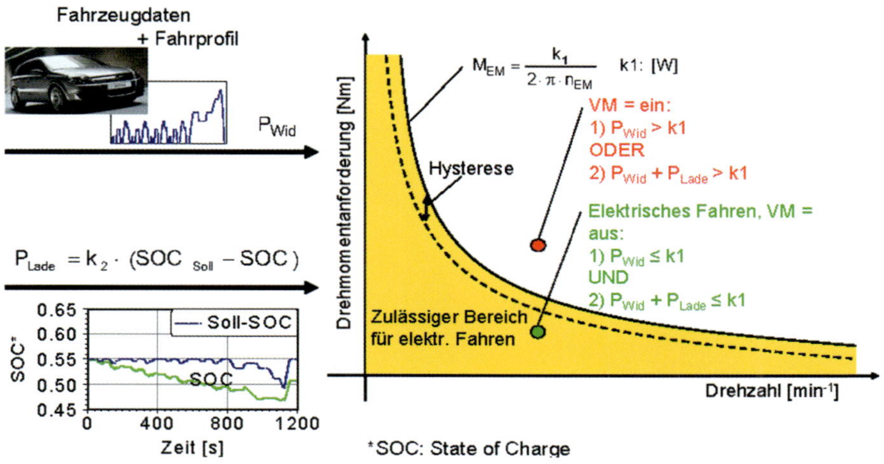

Abb. 2-7: Betriebsstrategie – Maximalleistung für elektrisches Fahren (k1)

Der Parameter k1 definiert die maximale Leistung bis zu der rein elektrisch gefahren werden darf (Abb. 2-7).

Die Entscheidung, ob elektrisch gefahren wird, hängt neben dem Parameter k1 von den geforderten Leistungen ab. Die Leistung P_{Wid} charakterisiert dabei die Leistung, die benötigt wird, um die Fahrwiderstände zu überwinden; die Leistung P_{Lade} definiert die geforderte Batterie-Ladeleistung. Für den Fall $P_{Wid} + P_{Lade} \leq k1$ wird das Fahrzeug rein elektrisch angetrieben. Trifft dagegen die Bedingung $P_{Wid} > k1$ oder $P_{Wid} + P_{Lade} > k1$ zu, treibt der Verbrennungsmotor das Fahrzeug an.

Einfluss des Batterieladezustandes – k2

Um die Batterielebensdauer zu gewährleisten, kann nur ein kleiner Teil der Batteriekapazität genutzt werden. Die Regelung des Batterieladezustandes (State of Charge, SOC) muss deshalb sicherstellen, dass der Ladezustand nur in einem engen Bereich variiert. In der Simulation wurde dafür eine Soll-SOC-Kurve SOC_{Soll} definiert, die von der kinetischen Energie des Fahrzeugs abhängt (Abb. 2-8).

Die rotatorisch beschleunigten Massen werden bei der Berechnung der kinetischen Energie des Fahrzeugs durch den Massenfaktor e berücksichtigt. Für den Massenfaktor wird im Simulationsmodell, unabhängig vom aktuell eingelegten Gang, vereinfacht ein konstanter Wert von 1.07 gewählt. Für die Zuladung m_{zu} wird ein konstanter Wert von 100 kg gewählt.

Bei einer Fahrzeuggeschwindigkeit von v_{Fzg} = 0 km/h sollte die Batterie möglichst voll geladen sein (SOC = 100 % des zugelassenen Bereichs), um elektrisches Fahren zu ermöglichen. Mit zunehmender Geschwindigkeit sinkt

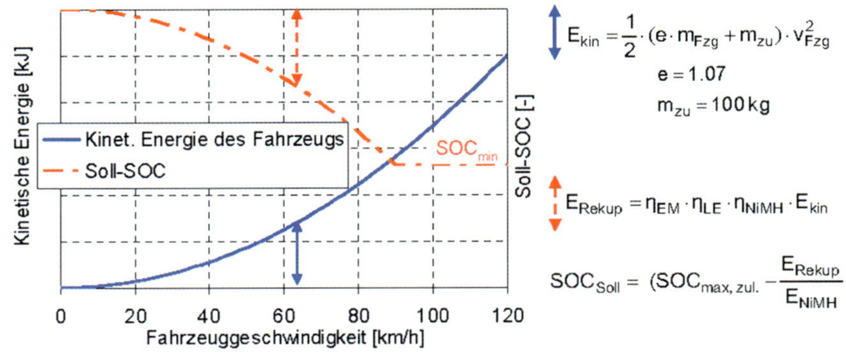

Abb. 2-8: Betriebsstrategie – Regelung des Batterieladezustandes SOC (k2)

die Soll-SOC-Kurve ab, damit die beim Bremsen rekuperierte Energie in die Batterie eingespeichert werden kann. Nach Abbremsen des Fahrzeugs auf 0 km/h sollte dann erneut ein SOC von 100 % (des zugelassenen Bereichs) erreicht werden.

Der Faktor k2 definiert die Leistung die für ein Nachladen der Batterie angefordert wird. Die vom Verbrennungsmotor angeforderte Leistung zum Laden der Batterie ist dabei wie folgt definiert:

$$P_{Lade} = k2 \cdot (SOC_{Soll} - SOC) \qquad (2\text{-}1)$$

Für einen Wert k2 = 0 W / (% SOC) hat eine Abweichung des aktuellen Ladezustandes vom Soll-SOC Wert keine Auswirkungen auf die angeforderte Ladeleistung P_{Lade}, während große Werte für k2 eine hohe Batterieladeleistung schon für kleine Abweichungen des Ladezustandes fordern. Dadurch wird sichergestellt, dass der Ladezustand der Batterie in einem definierten Bereich gehalten werden kann.

Limitierung der Lastpunktverschiebung – k3 (nur leistungsverzweigter Hybrid)

Durch die Kombination von Verbrennungsmotor, Planetengetriebe und elektrischen Maschinen kann der Betriebspunkt des Verbrennungsmotors zu höheren Lasten verschoben werden. Diese Betriebspunktverlagerung kann nahe der Leistungshyperbel erfolgen.

Eine Verschiebung des Verbrennungsmotor-Betriebspunktes zu höheren Lasten und niedrigeren Drehzahlen erhöht dabei den Wirkungsgrad des Verbrennungsmotors. Bei Fahrten mit hoher Geschwindigkeit und niedriger Verbrennungsmotorleistung kann es jedoch zu einer Umkehr des Leistungsflusses im elektrischen Pfad kommen, was zu erhöhten Wirkungsgradeinbußen führt. Eine Absenkung der Verbrennungsmotordrehzahl erhöht in diesem Fall die Blindleistung im elektrischen Pfad. Durch den Parameter k3 wird die Verschiebung des Lastpunktes zu niedrigen Verbrennungsmotordrehzahlen und hohen Lasten begrenzt (Abb. 2-9). Dabei limitiert der Parameter k3 den maximalen Leistungsanteil, der über den elektrischen Pfad übertragen werden darf.

$$k3 = \frac{P_{EM1lim}}{P_{VM}} \qquad (2\text{-}2)$$

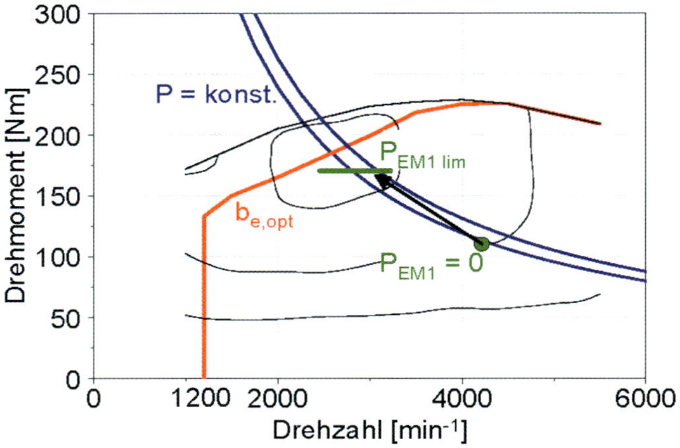

Abb. 2-9: Betriebsstrategie – Limitierung der Lastpunktverschiebung (k3)

Für k3 = 1 wird die Lastpunktverschiebung nicht begrenzt. Eine Verringerung von k3 führt zu einer zunehmenden Limitierung von $P_{EM1\ lim}$ und damit der Lastpunktverschiebung. Im Grenzfall k3 = 0 muss die gesamte Verbrennungsmotorleistung über den mechanischen Pfad übertragen werden, d.h. die Leistung im elektrischen Pfad ist gleich 0 ($P_{EM1\ lim} = 0$ kW).

Der Parameter k3 wird nur bei negativen Drehzahlen von EM1 (Modus 3) aktiviert. Für positive Drehzahlen von EM1 (Modus 1) bewirkt das Absenken der Verbrennungsmotordrehzahl bei der Betriebspunktverlagerung, dass gleichzeitig die Drehzahl von EM1 sinkt.

Stufensprungverhältnis – k4 (nur Parallel Hybrid)

Die Parallelhybrid-Antriebstränge werden mit einem automatisierten 6-Gang Getriebe simuliert, wodurch gewährleistet wird, dass der Motor nahe der Betriebslinie minimalen Kraftstoffverbrauchs betrieben werden kann. Für die Gänge 1 bis 5 wird eine progressive Auslegung gewählt. Zusammen mit Randbedingungen hinsichtlich Steigfähigkeit und Maximalgeschwindigkeit sind die Übersetzungsverhältnisse der ersten fünf Gänge definiert. Das Übersetzungsverhältnis des verbrauchsgünstig lang übersetzten sechsten Gangs wird im Simulationsmodell variiert. Der Parameter k4 wird dabei benutzt, um das Verhältnis der letzten beiden Stufensprünge zu beschreiben:

$$k_4 = \frac{\alpha_{G5\rightarrow 4}}{\alpha_{G6\rightarrow 5}} = \frac{\frac{i_4}{i_5}}{\frac{i_5}{i_6}} = i_4 \cdot i_6 \quad \text{mit}\; i_5 = 1$$

Daraus lässt sich das Übersetzungsverhältnis des sechsten Gangs berechnen:

$$i_6 = \frac{k_4}{i_4}$$

Dabei muss die Randbedingung $k_4 < i_4$ gelten damit $i_6 < 1 = i_5$ gilt. Der Parameter k4 wurde im Simulationsmodell in einem Bereich von $0.95 \leq k4 \leq 1.15$ variiert.

Ladebilanz-Korrektur

Eine Variation der Betriebsstrategie kann zu Abweichungen im Batterie-Ladezustand zwischen Anfang und Ende des Fahrzyklus führen. Daher wurde in Abhängigkeit dieser Differenz ein Korrekturterm auf den errechneten Kraftstoffverbrauch addiert, um Differenzen im Energieinhalt der Batterie Rechnung zu tragen.

2.2 Simulation des leistungsverzweigten Hybriden

In Abb. 2-10 sind Simulationsrechnungen des turboaufgeladenen Verbrennungsmotors mit Direkteinspritzung und des Motors mit Nockenwellen-Phasensteller in einem leistungsverzweigten Hybrid dargestellt.

Das Hubvolumen der Verbrennungsmotoren wurde angepasst um mit beiden Motorvarianten die gleiche Höchstgeschwindigkeit zu erreichen. Für die Simulationen wurden die gleichen Antriebstrangkonfigurationen verwendet.

Da der Verbrennungsmotor im leistungsverzweigten Hybrid auf der Linie minimalen Kraftstoffverbrauchs betrieben wird, führt das niedrigere Hubvolumen des turboaufgeladenen Motors zu höheren Motordrehzahlen und höheren Motorlasten.

Während der Warmlaufphase wird der Verbrennungsmotor mit einer konstanten Drehzahl $n_{VM} = 1200\ \text{min}^{-1}$ und einer konstanten Last $p_{mi} = 3$ bar betrieben (Abb. 2-10). Überschüssige mechanische Energie, die nicht zum Vortrieb des Fahrzeugs genutzt wird (z. B. bei Fahrzeugstillstand), wird durch

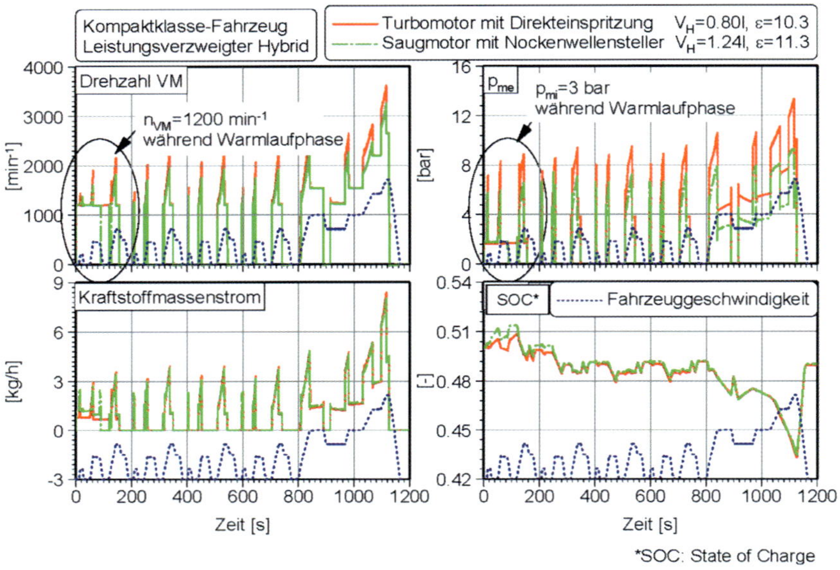

Abb. 2-10: Simulation des NEFZ (Neuer Europäischer Fahrzyklus) – leistungsverzweigter Hybrid

den Generator in elektrische Energie umgewandelt und in die Batterie eingepeichert. Dies bewirkt einen Anstieg des Batterie-Ladezustandes während der Warmlaufphase. Wenn höhere Leistungen gefordert sind, steigen Last und Drehzahl des Verbrennungsmotors an. Nachdem eine Kühlwassertemperatur von 55 °C erreicht wird, werden die Hybridfunktionen Start/Stop, elektrisches Fahren und Bremsenergie-Rekuperation aktiviert. Der Verbrennungsmotor wird dann nur noch zugeschaltet, falls der Schwellwert für elektrisches Fahren k1 überschritten wird. Während des elektrischen Fahrens wird die Energie durch die Batterie zur Verfügung gestellt.

2.3 Simulation des Parallelhybrids

Eine Simulation des Einwellen-Parallelhybrids im NEFZ ist in Abb. 2-11 dargestellt. Analog zum leistungsverzweigten Hybrid wird der Motor während des Warmlaufs mit einem konstanten indizierten Mitteldruck von 3 bar und einer Drehzahl von 1200 min^{-1} betrieben. Nur wenn höhere Leistungen gefor-

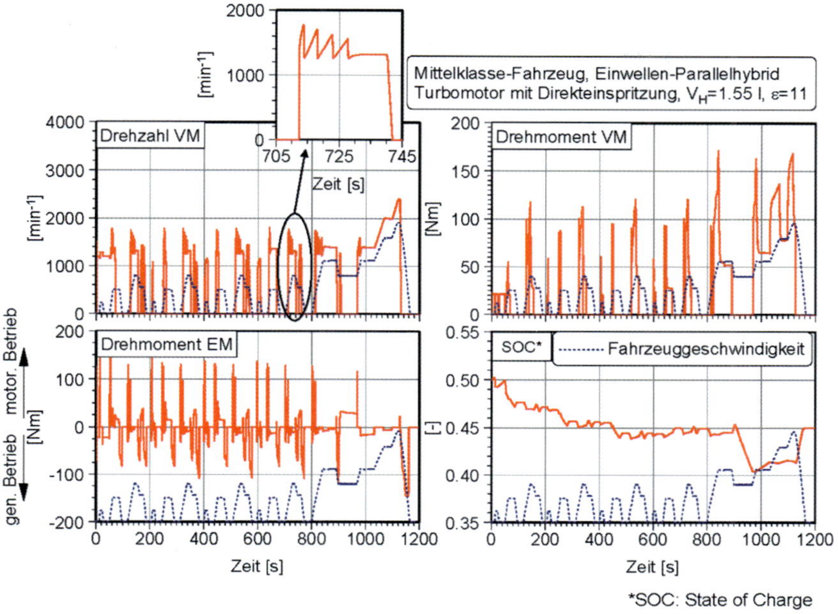

Abb. 2-11: Simulation des NEFZ – Parallelhybrid

dert sind, werden Drehzahl und Drehmoment gesteigert. In dieser Phase regelt die elektrische Maschine das Drehmoment, das an die Räder abgegeben wird. Überschüssige Leistung, die nicht benötigt wird um das Fahrzeug anzutreiben, wird zur Aufladung der Batterie genutzt. Sobald eine Kühlwassertemperatur von 55 °C überschritten wird, werden Verbrennungsmotor Start/Stop, elektrisches Fahren und Bremsenergie-Rekuperation aktiviert. Um den Betrag der rekuperierbaren Bremsenergie zu maximieren, wird die Kupplung zwischen Verbrennungsmotor und E-Maschine während Bremsphasen geöffnet.

2.4 Simulation und numerische Optimierung

Um für alle möglichen Kombinationen der Parameter Vorhersagen der Antwortgrößen Kraftstoffverbrauch im NEFZ, Beschleunigungszeit 0 – 100 km/h, Elastizität 80 – 120 km/h und der Steigfähigkeit treffen zu können, werden mit

Faktor 1 ε	Faktor 2 $P_{max\ EM}$	Faktor 3 $Q_{max\ NiMH}$	Faktor 4 EM-Typ	Faktor 5 k1	Faktor 6 k2	Faktor 7 k4	Antw. 1 Verbr.	Antw. 2 Beschl.	Antw. 3 Elast.
9.00	20.00	4.00	PSM	4200	700	1	4.559	15.92	10.57
9.00	35.00	7.00	PSM	4200	250	1.05	4.524	10.51	7.73
11.00	27.50	6.00	ASM	10000	300	1.05	4.869	12.24	9.06
11.00	22.00	5.00	ASM	7500	300	0.95	4.976	14.07	10.03

- Erstellen des Testplans
  → Antriebstrang- und Betriebsstrategiekonfiguration
- 1. Simulation : Kraftstoffverbrauch im NEFZ
- 2. Simulation : Beschleunigung 0 - 100 km/h
- 3. Simulation: Elastizität 80 - 120 km/h

Abb. 2-12: DoE Testplan für den Einwellen-Parallelhybrid

einem DoE Ansatz Testpläne erstellt. Diese Testpläne definieren die zu simulierenden Antriebstrangkonfigurationen (Faktor 1 – Faktor 7 in Abb. 2-12). Dazu generiert das DoE Programm Kombinationen der variablen Parameter, die den gesamten Parameterraum abdecken.

Bei einer herkömmlichen Rastervermessung wird der gesamte Parameterraum durch Variation jeweils eines Parameter erfaßt. Im Gegensatz dazu werden bei modellbasierten Versuchsplänen, die mit Hilfe statistischer Methoden erzeugt werden, mehrere Parameter gleichzeitig variiert. Das Ziel ist dabei, die Anzahl der notwendigen Versuche zu minimieren und den Zusammenhang zwischen Antwortgröße und variablen Parametern möglichst gut zu beschreiben. Dies geschieht mit Hilfe mathematischer Modelle.

Abb. 2-13 zeigt einen Vergleich zwischen Rastervermessung und modellbasierter Versuchsplanung. Bei Variation eines einzelnen Parameters in 3 Schritten werden 3 Rasterpunkte benötigt.

Soll die Zielgröße y in Abhängigkeit von drei Einflußgrößen beschrieben werden, sind bei einer Rastervermessung in der jeder Parameter in drei Schritten (Niveaus) variiert wird bereits 27 Versuche notwendig. Verwendet man hingegen ein quadratisches Modell, so sinkt die Anzahl der notwendigen Variationen auf 10. Bei steigender Anzahl der Parameter steigt der Vorteil der modellbasierten Versuchsplanung entsprechend an.

Die statistische Wahl der Versuchspunkte erlaubt, die Antwortgröße für jede beliebige Kombination der Eingangsgrößen zu beschreiben. Die Anzahl der Versuche wird dabei minimiert. Abb. 2-14 zeigt ein Beispiel für ein Modell eines simplen statistischen Versuchsplans.

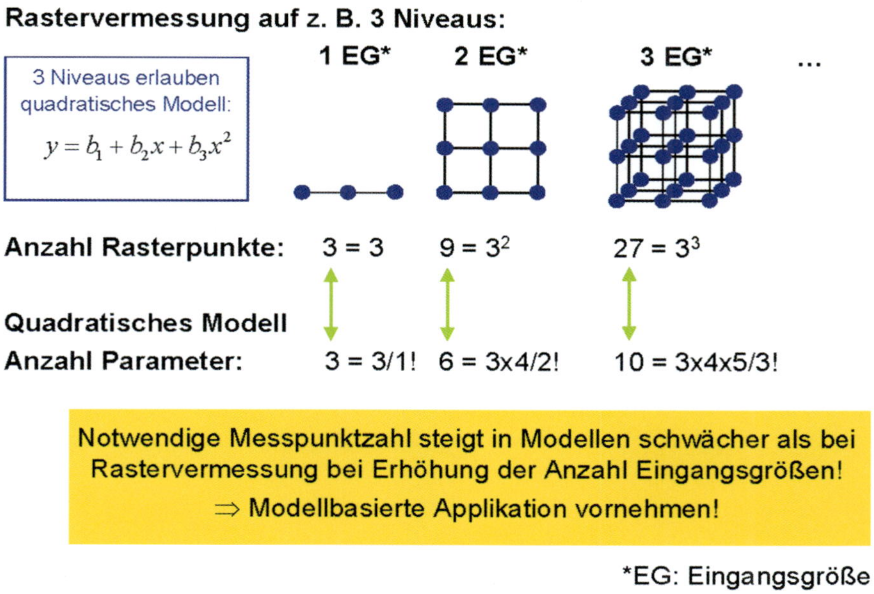

Abb. 2-13: Vergleich zwischen Rastervermessung und modellbasierten Versuchsplänen /2/

Im Rahmen der Untersuchungen wurden für die beiden Parallelhybrid Antriebstränge 7 Parameter und in den leistungsverzweigten Antriebsträngen 9 Parameter variiert (Tabelle 2-2). Die durch den DoE-Testplan vorgegebenen Antriebstrangkonfigurationen für die beiden Parallelhybrid Antriebstränge und den leistungsverzweigten Hybridantriebstrang wurden dann mit den 7 in Abb. 2-3 dargestellten Motortypen simuliert. Die Simulationsrechnungen erfolgten für die drei in Tabelle 2-1 aufgezeigten Fahrzeugklassen. Zunächst erfolgte eine Simulation der Fahrzeuge im Neuen Europäischen Fahrzyklus (NEFZ). Insgesamt wurden ca. 20.000 Zyklussimulationen durchgeführt.

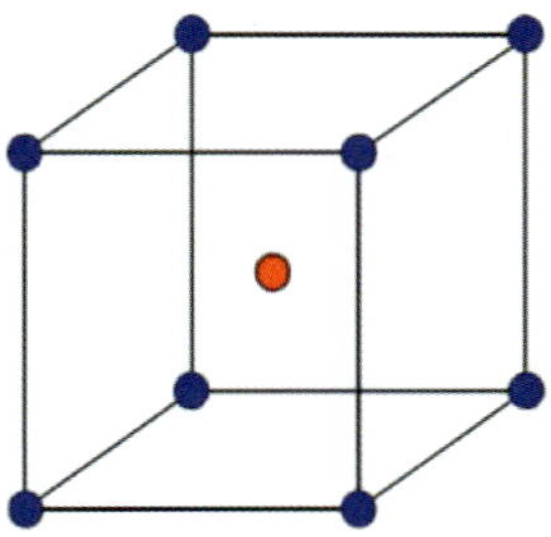

Abb. 2-14: 2-k Vollfaktorieller Versuch /3/

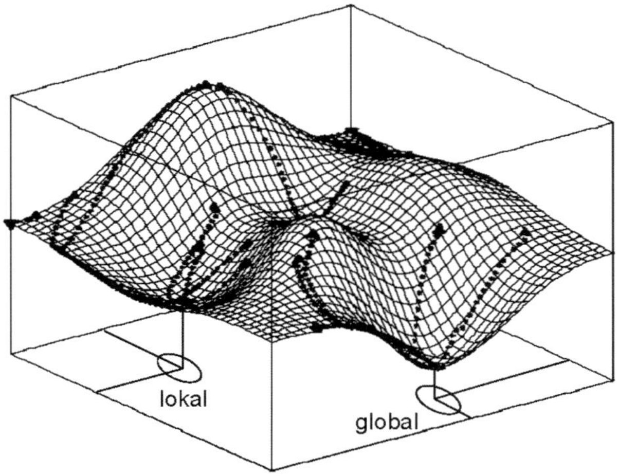

Abb. 2-15: Numerische Optimierung – Gradientenverfahren

Dies zeigt, dass statistische Versuchsplanung in diesem Projekt unerlässlich ist, um die Anzahl der Simulationsrechnungen innerhalb einer akzeptablen Zeit durchzuführen. Dieselbe Anzahl an Simulationsrechnungen fiel für die Berechnung der Beschleunigungszeit 0 – 100 km/h sowie der Elastizitätszeit 80 – 120 km/h an.

Nach Abschluß der Simulationsrechnungen wird für jede Antwortgröße (Kraftstoffverbrauch im NEFZ, Beschleunigungszeit 0 – 100 km/h, Elastizitätszeit 80 – 120 km/h, maximale Steigfähigkeit) ein mathematisches Modell generiert, das eine Berechnung der Antwortgröße in Abhängigkeit der variablen Parameter ermöglicht.

Im nächsten Schritt erfolgt eine Optimierung der Antriebstrangkonfigurationen hinsichtlich minimalen Kraftstoffverbrauchs im NEFZ. Als Randbedingung sind dabei die in Tabelle 2-1 spezifizierten Fahrleistungszielwerte einzuhalten. Die numerische Optimierung basiert auf einem Gradientenverfahren. Dafür erstellt das DoE Programm aus allen Optimierungskriterien eine Wünschbarkeitsfunktion. Ein numerischer Algorithmus maximiert diese Wünschbarkeitsfunktion. Ausgehend von zehn zufällig ausgewählten Punkten im Parameterraum sucht der Algorithmus die Maxima (Abb. 2-15).

3 Ergebnisse der Modellierung und Optimierung

Der verwendete Lösungsansatz bietet die Möglichkeit, die Einflüsse der Variation einzelner Antriebstrangparameter und der Betriebsstrategie auf die Antwortgrößen zu berechnen. Die folgenden Bilder zeigen die Ergebnisse der mathematischen Modelle, die wie auf Seite 16 beschrieben, basierend auf den Simulationsmodellen erstellt wurden. Anhand von Paramtervariationen im Simulationsmodell wurden die mathematischen Modelle verifiziert.

In Abb. 3-1 sind für einen leistungsverzweigten Hybrid in einem Kompaktklasse-Fahrzeug die Einflüsse der Maximalleistung für elektrisches Fahren und des Verdichtungsverhältnisses auf den Kraftstoffverbrauch im NEFZ dargestellt (linkes Bild). Ein minimaler Kraftstoffverbrauch wird mit einer niedrigen Leistung für elektrisches Fahren und einem Verdichtungsverhältnis von $\varepsilon = 10.3$ erreicht. Eine Ausweitung des elektrischen Fahrens auf hohe Leistungen bewirkt einen Anstieg des Kraftstoffverbrauchs. Da in diesem Fall die beim Bremsen zurückgewonnene Energie nicht ausreicht, um die während des elektrischen Fahrens entnommene Energie bereitzustellen, muss verbrennungsmotorisch nachgeladen werden. Dazu wird die Last des Verbrennungsmotors erhöht und die überschüssige Leistung zum Nachladen der Batterie verwendet. Diese Lastpunktverschiebung führt zu höheren Verbrennungsmotor-Wirkungsgraden. Die mehrfache Energiewandlung (chemisch gespeicherte Energie im Kraftstoff → mechanische Energie → elektrische Energie → chemisch gespeicherte Energie in der Batterie während des Ladevorgangs und chemische Energie in der Batterie → elektrische Energie → mechanische Energie während des elektrischen Fahrens) verursacht jedoch hohe Wirkungsgradeinbußen. Daher ergibt sich ein Optimum für den Parameter „Maximalleistung für elektrisches Fahren“, der vom Wirkungsgrad des Verbrennungsmotors und der elektrischen Komponenten abhängt.

Das rechte Bild in Abb. 3-1 zeigt, dass der Parameter k2 (relative Batterieladeleistung) nur einen geringen Einfluss auf den Kraftstoffverbrauch der optimalen Konfiguration hat. Eine Vergrößerung von EM1 resultiert in einem Anstieg des Kraftstoffverbrauchs, da die Betriebspunktverlagerung hin zu niedrigen Lasten bei Vergrößerung von EM1 zu einer Wirkungsgradabsenkung führt.

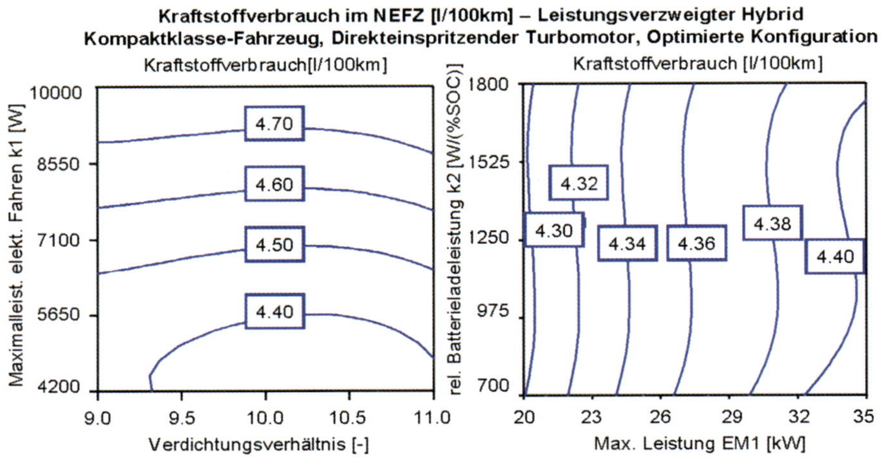

Abb. 3-1: Einflüsse auf den Kraftstoffverbrauch – Leistungsverzweigter Hybrid

In Abb. 3-2 sind die Auswirkungen der Maximalleistung der Elektromaschinen EM2, EM1 und der Batteriekapazität auf die Beschleunigungszeit 0 – 100 km/h dargestellt. Bei Verwendung eines Elektromotors EM2 mit nied-

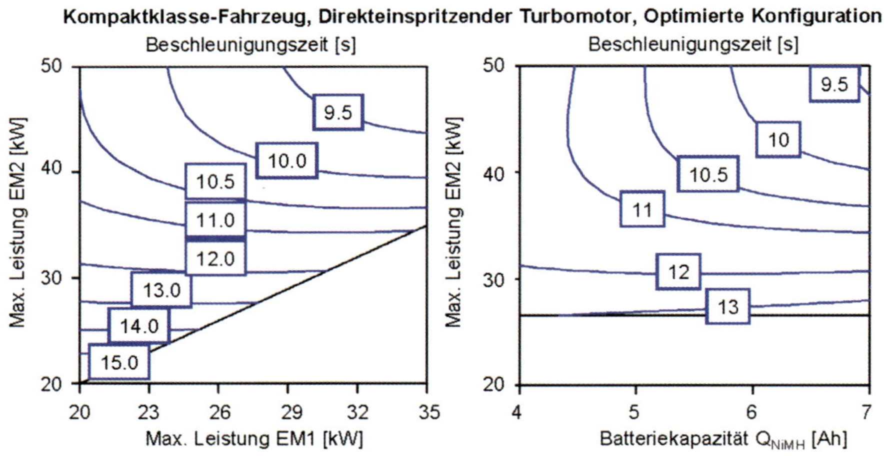

Abb. 3-2: Einflüsse auf die Beschleunigungszeit 0-100 km/h – Leistungsverzweigter Hybrid

riger Maximalleistung kann die Beschleunigungszeit durch eine Leistungssteigerung verkürzt werden. Eine weitere Vergrößerung von EM2 bewirkt bei geringer Maximalleistung des Generators EM1 und großer Maximalleistung von EM2 keine Verkürzung der Beschleunigungszeit. EM1 und Batterie können in diesem Fall nicht genügend Leistung für EM2 bereitstellen. Die Beschleunigungszeit kann nur durch Vergrößerung der Generatorleistung oder der Batteriekapazität (und damit der Batterieleistung) verkürzt werden.

Das linke Bild in Abb. 3-3 zeigt, dass für den Turbomotor mit Direkteinspritzung im Mittelklasse-Pkw mit Einwellen-Parallelhybrid ein höheres Verdichtungsverhältnis in einem niedrigen Kraftstoffverbrauch im NEFZ resultiert.

Der Parameterraum für k1 wird hier in Abhängigkeit des Parameters k2 limitiert. Für kleine Werte für k2 werden nur geringe Leistungen für elektrisches Fahren zugelassen. Dies gewährleistet, dass der Batterieladezustand nur im zugelassenen Bereich variiert. Höhere Werte für k1 können nur bei Vergrößerung von k2 gewählt werden.

Auch in Parallelhybriden resultiert ein hohes Verdichtungsverhältnis des Verbrennungsmotors in einem niedrigen Kraftstoffverbrauch im NEFZ. Während der Kraftstoffverbrauch bei niedrigen Verdichtungsverhältnissen mit Verkleinerung des Parameters k4 (längere Übersetzung des 6. Gangs) sinkt, steigt

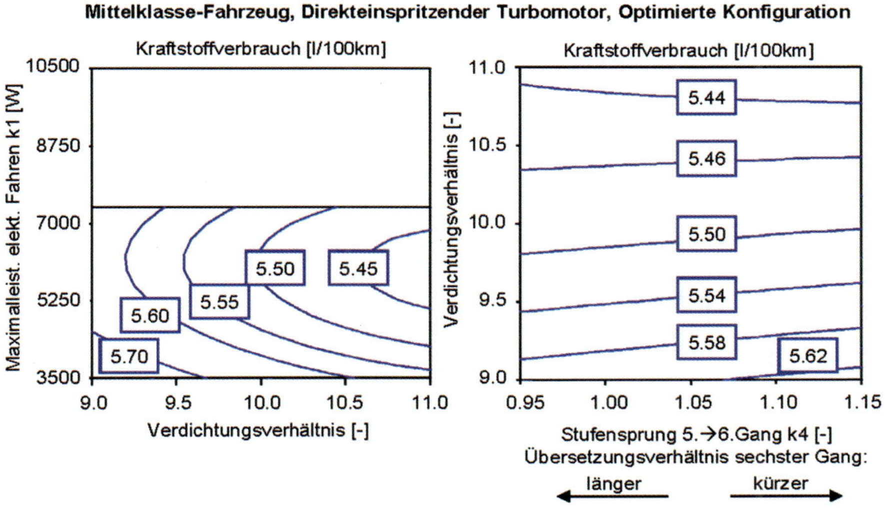

Abb. 3-3: Einflüsse auf den Kraftstoffverbrauch (I) – Einwellen-Parallelhybrid

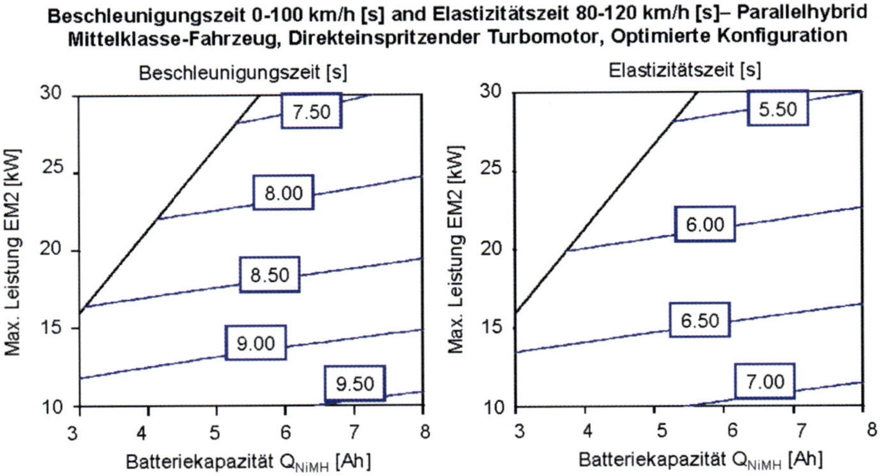

Abb. 3-4: Einflüsse auf die Beschleunigung 0-100 km/h und die Elastizität 80-120 km/h – Einwellen-Parallelhybrid

der Kraftstoffverbrauch bei hohen Verdichtungsverhältnissen und Verkleinerung von k4 an. Dies kann durch die höhere Klopfempfindlichkeit bei hohen Verdichtungsverhältnissen erklärt werden. Die notwendige Spätverstellung des Zündwinkels resultiert in höheren Verbrauchswerten.

Als Randbedingung für die Erzeugung der Testpläne der Parallelhybrid-Antriebsstränge ist gefordert, dass die Batterieleistung stets größer gleich der Maximalleistung der E-Maschine ist. Eine Vergrößerung der Batterieleistung bewirkt daher keine Verkürzung der Beschleunigungszeit 0 – 100 km/h und der Elastizität 80 – 120 km/h. Vielmehr führt das höhere Batteriegewicht zu einer langsameren Beschleunigung des Fahrzeugs (Abb. 3-4). Da die Batterie immer genügend Leistung zum Antrieb des Elektromotors liefert, wirkt sich eine Vergrößerung der E-Maschinenleistung in einer Verkürzung der Beschleunigungszeit aus.

Vergleich der Motorenkonzepte

Abb. 3-5 – Abb. 3-7 zeigen den Kraftstoffverbrauch aller Hybridtopologien in den drei Fahrzeugklassen. Zusätzlich ist der in der Simulation errechnete Verbrauch des Motors mit Nockenwellen-Phasensteller in einem konventionellen Antriebstrang ohne Hybridisierung dargestellt.

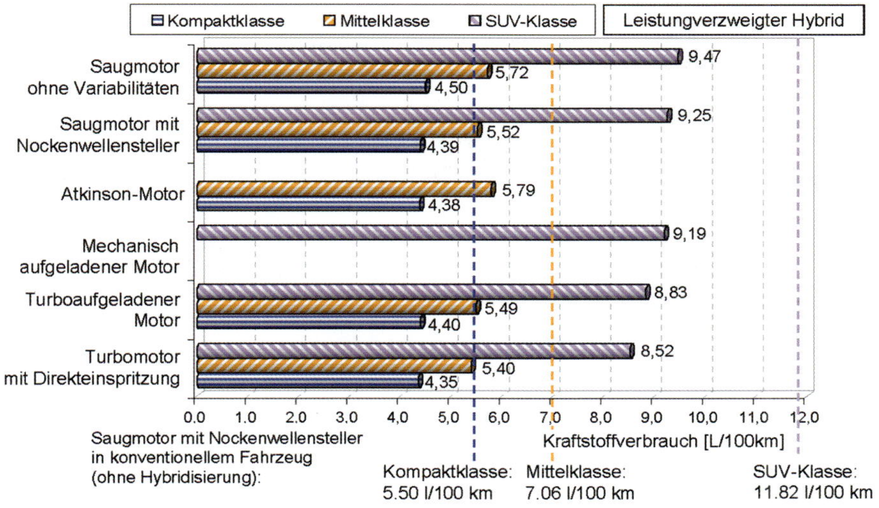

Abb. 3-5: Kraftstoffverbrauch in den drei simulierten Fahrzeugklassen – Leistungsver-zweigter Hybrid

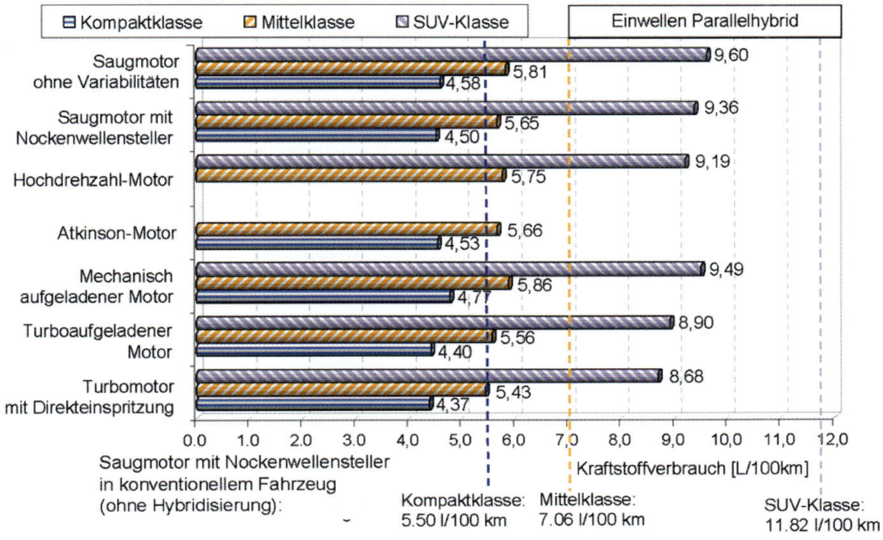

Abb. 3-6: Kraftstoffverbrauch in den drei simulierten Fahrzeugklassen – Einwellen-Parallelhybrid

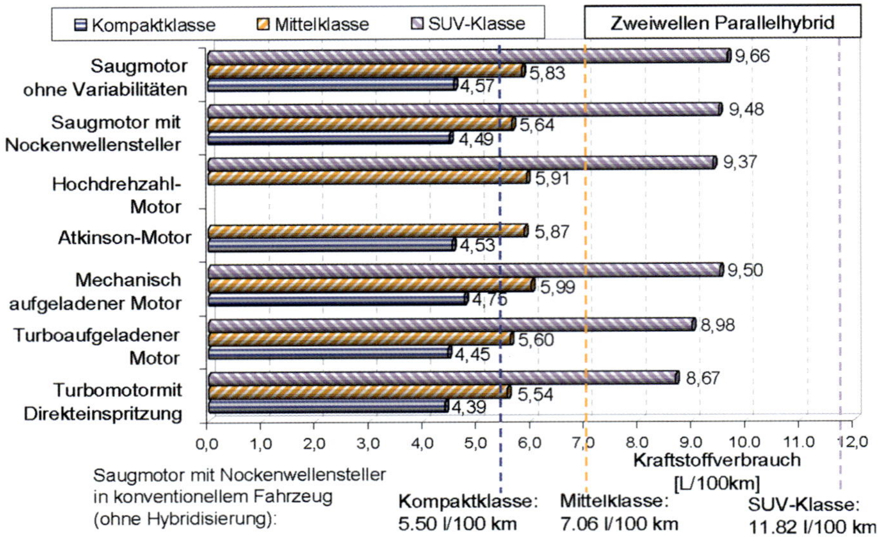

Abb. 3-7: Kraftstoffverbrauch in den drei simulierten Fahrzeugklassen – Zweiwellen-Parallelhybrid

Im Vergleich zum konventionellen Fahrzeug wird mit dem Motor mit Nockenwellen-Phasensteller im Hybridfahrzeug eine Verbrauchseinsparung von 19 – 23% erreicht. Bei der Kombination Turbomotor mit Direkteinspritzung und Hybridfahrzeug vergrößert sich der Verbrauchsvorteil auf 21 – 28%.

Dabei wird deutlich, dass für die hier untersuchten Hybridantriebstränge die Kraftstoffverbrauchsunterschiede zwischen den Verbrennungsmotortypen in Kompaktklasse-Fahrzeugen sehr gering sind. Die Verbrauchswerte des Motors mit Nockenwellensteller und des Atkinsonmotors liegen dabei auf dem selben Niveau wie die Verbrauchswerte der Turbomotoren, die gegenüber den Saugmotoren deutlich kleinere Hubräume aufweisen. Bei Motoren mit größerem Hubraum kann ein Betrieb in der niedrigen Teillast durch Ausweitung des elektrischen Fahrens substituiert werden. Bei kleinen Leistungsanforderungen ist der erzielbare Verbrauchsvorteil aufgrund Hybridisierung bei Verbrennungsmotoren mit großem Hubraum aufgrund des schlechteren Teillastwirkungsgrades daher größer als bei Verbrennungsmotoren mit kleinem Hubraum.

Mit steigender Fahrzeug- und Motorgröße steigen die Verbrauchsvorteile durch Hybridisierung an. Durch das höhere Fahrzeuggewicht vergrößert sich die rekuperierbare Bremsenergie. Bei größerem Hubvolumen steigt der Verbrauchsvorteil durch Start/Stop. Zudem wird der Verbrauchsnachteil der in SUV-Klasse-Fahrzeugen verwendeten Motoren mit großem Hubraum durch Ausweitung des elektrischen Fahrens auf Bereiche höherer Leistung kompensiert. Da dies ein stärkeres Nachladen der Batterie erfordert, ist die Ausweitung jedoch nur bis zu einer bestimmten Grenzleistung sinnvoll. Diese ergibt sich als Kompromiss aus der Steigerung des Verbrennungsmotorwirkungsgrades und den Energiewandlungsverlusten beim Lade- und Entladeprozeß des elektrischen Energiespeichers. Wie in Abb. 3-5 – Abb. 3-7 zu sehen, nehmen die Verbrauchsunterschiede zwischen den Verbrennungsmotortypen mit steigender Fahrzeug- und Verbrennungsmotorgröße zu.

Im Vergleich zu Parallelhybriden lässt sich der Kraftstoffverbrauch in leistungsverzweigten Hybriden nochmals um 2 – 5% absenken. Allerdings steigen der Bauaufwand und die Komplexität im leistungsverzweigten Hybridantriebstrang deutlich an, was letztlich zu höheren Mehrkosten gegenüber konventionellen Antriebsträngen führt. Abb. 3-8 – Abb. 3-10 zeigen für Kompakt- und Mittelklasse Fahrzeuge installierte elektrischen Leistungen, die ca. 3 – 4-mal so hoch sind wie in Parallelhybriden. Dargestellt ist dabei neben der Batteriekapazität die Gesamtleistung der E-Maschinen (P_{EM1} + P_{EM2} für den leistungsverzweigten Hybrid und P_{EM} für die Parallelhybride). In SUV-Klasse Fahrzeugen wird in leistungsverzweigten Hybriden die fünf- bis sechsfache installierte elektrische Leistung gegenüber Parallelhybriden benötigt. Das hohe Drehmoment der leistungsstarken Verbrennungsmotoren erfordert entsprechend größere Generatorleistungen um das Verbrennungsmotormoment am Planetengetriebe abstützen zu können.

Die Verbrauchswerte mit Einwellen- und Zweiwellen-Parallelhybrid sind auf einem ähnlichen Niveau. Verbrauchsdifferenzen resultieren dabei hauptsächlich aus der E-Maschinengröße sowie den unterschiedlichen E-Maschinen-Betriebspunkten, die sich aufgrund der Anordnung der E-Maschinen ergeben.

In allen Fahrzeugklassen wird der minimale Verbrauch mit dem leistungsverzweigten Hybrid erreicht. Der Verbrauchsunterschied zwischen den Hybridkonzepten ist jedoch gering. Mit Parallelhybriden können annähernd die Verbrauchswerte leistungsverzweigter Hybride erzielt werden. Die installierte elektrische Leistung und damit die Mehrkosten für die Hybridkomponenten sind in Parallelhybriden deutlich geringer (siehe Abb. 3-8 – Abb. 3-10).

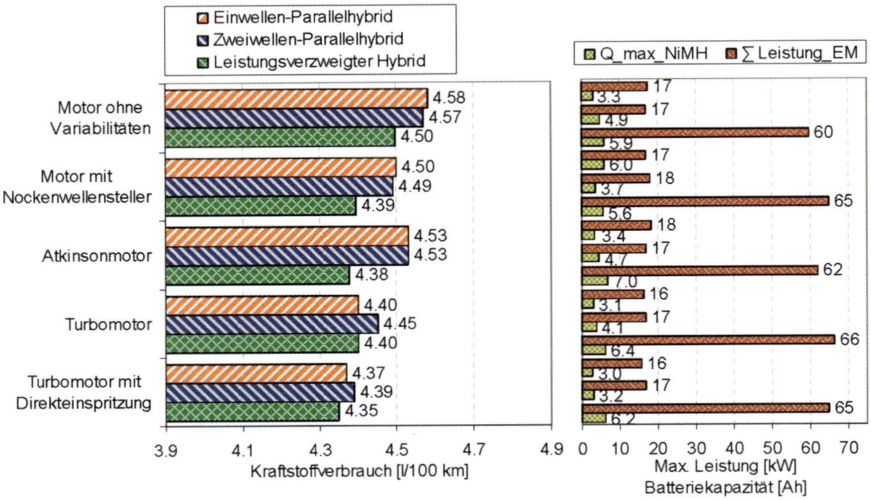

Abb. 3-8: Kraftstoffverbrauch der Hybridtopologien – Kompaktklasse-Fahrzeug

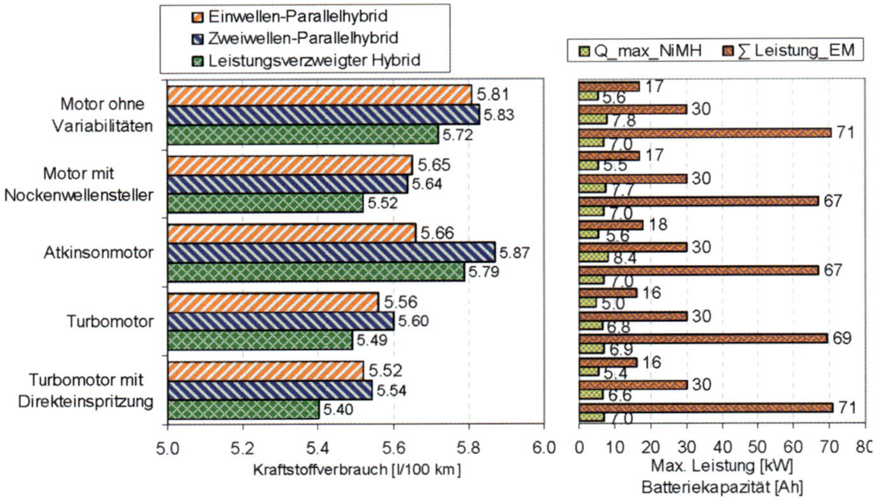

Abb. 3-9: Kraftstoffverbrauch der Hybridtopologien – Mittelklasse-Fahrzeug

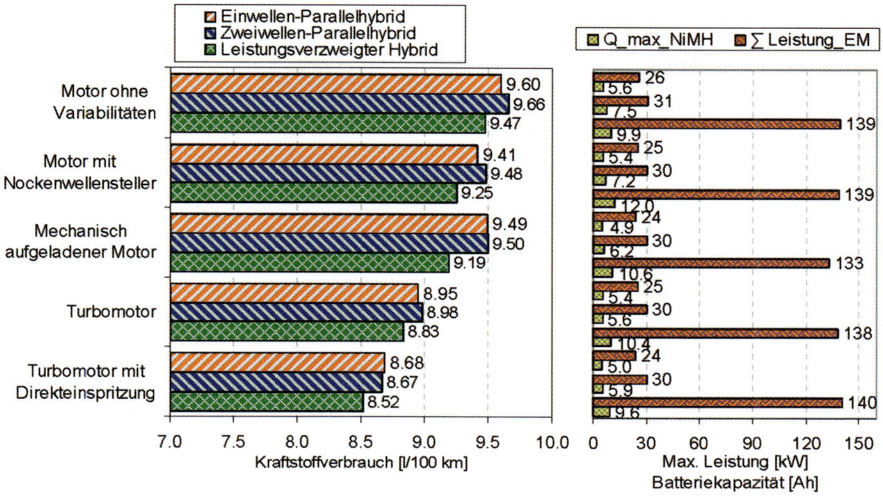

Abb. 3-10: Kraftstoffverbrauch der Hybridtopologien – SUV-Klasse-Fahrzeug

4 Zusammenfassung

Durch die Kombination von Verbrennungskraftmaschine und Elektroantrieb lassen sich deutliche Kraftstoffverbrauchs-Einsparpotentiale gegenüber herkömmlichen Antrieben realisieren.

Aufgrund der Vielzahl an Antriebstriebstrangkomponenten kann eine Optimierung hybrider Antriebssysteme nicht alleine durch Optimierung der Einzelkomponenten erfolgen. Wechselwirkungen zwischen den Antriebstrangkomponenten erfordern vielmehr eine ganzheitliche Betrachtung der Hybridsysteme. Dabei muss die Optimierung des Systemwirkungsgrades im Vordergrund stehen.

In Rahmen der Untersuchungen wird ein Weg zur Auslegung von Hybridantrieben vorgestellt. Im Fahrzeugsimulationsprogramm GT-Drive wurden Simulationsmodelle für einen leistungsverzweigten und zwei parallele Hybrid-Antriebstränge aufgebaut. Diese Hybrid-Antriebstränge werden in Kompaktklasse-, Mittelklasse- und SUV-Klassefahrzeugen simuliert. Für jede Kombination aus Hybridtopologie und Fahrzeugklasse wird das Kraftstoffverbrauchspotential von sieben unterschiedlichen Verbrennungsmotorkonzepten untersucht.

Parametrische Beschreibungen erlauben eine Variation des Verbrennungsmotors, der elektrischen Maschinen, des elektrischen Energiespeichers, des Getriebes und der Betriebsstrategie im Simulationsmodell. Die Gesamtsystemoptimierung basiert auf einer Kombination aus statistischer Versuchsplanung, Simulation und numerischen Optimierungsmethoden.

Durch Anpassung der Antriebstrangkomponenten und der Betriebsstrategieparameter kann ein real existierendes Hybridfahrzeug in der Simulation nachgebildet werden. Ein Abgleich auf Basis einer Simulation des NEFZ (Neuer Europäischer Fahrzyklus) zeigt eine gute Übereinstimmung zwischen Simulation und Messdaten einer Rollenprüfstandsmessung dieses Hybridfahrzeugs.

Während der folgenden Simulationen wurden die Antriebstrangkomponenten- und die Betriebsstrategie-Parameter variiert. Um die Anzahl der Simulationsrechnungen zu minimieren, wurden mit Hilfe von Methoden der statistischen Versuchsplanung Testpläne erstellt, die die zu simulierenden Antriebstrangkonfigurationen vorgeben. Nach der Simulation erfolgt eine Optimierung der Antriebstränge hinsichtlich des Kraftstoffverbrauchs im Neuen Europäischen Fahrzyklus. Als Randbedingung müssen Beschleunigungs- und Elastizitäts-Zielwerte eingehalten werden.

Neben der optimalen Konfiguration des Verbrennungsmotors, der Antriebstrangkomponenten und der Betriebsstrategie können die Auswirkungen für eine Modifikation dieser Komponenten auf Kraftstoffverbrauch, Beschleunigung und Elastizität vorherbestimmt werden. Diese Ergebnisse konnten durch Parametervariationen im Simulationsmodell bestätigt werden.

Die folgenden Schlüsse können aus den Optimierungsarbeiten gezogen werden:

- Für kleine Hybridfahrzeuge, vor allem mit leistungsverzweigtem Hybrid, hat das Verbrennungsmotorkonzept nur einen geringen Einfluss.
- In Hybridantrieben können Teillast-Betriebspunkte mit hohem spezifischem Verbrauch durch elektrisches Fahren substituiert werden. „Downsizing“ des Verbrennungsmotors hat für Hybridfahrzeuge in Kompaktklassefahrzeugen daher nur geringe Kraftstoffverbrauchseinsparungen im NEFZ Testzyklus zur Folge; diese steigen jedoch in Mittelklasse- und SUV-Klasse Fahrzeugen deutlich an.
- Insgesamt kann mit dem Motor mit Nockenwellen-Phasensteller durch Hybridisierung eine Kraftstoffverbrauchseinsparung von 19 – 23 % im NEFZ, in Abhängigkeit der Fahrzeugklasse und der Hybridtopologie, gegenüber konventionellen Antriebsträngen erzielt werden. Der Turbomotor mit Direkteinspritzung bietet das größte Potential zur Verbrauchsabsenkung. Gegenüber dem konventionellen Fahrzeug und Motor mit Nockenwellen-Phasensteller wird eine Verbrauchsabsenkung von 21 – 28% erreicht.
- Verglichen mit Parallelhybriden lässt sich in leistungsverzweigten Hybriden eine weitere Verbrauchseinsparung zwischen 2 – 5% realisieren. Die Vorteile der Betriebspunktverlagerung entlang der Leistungshyperbel in leistungsverzweigten Hybriden (elektrisches CVT) werden dabei durch die schlechteren Wirkungsgrade des elektrischen Pfads verringert.
- Für die Variation der Betriebsstrategie werden variable Betriebsstrategie-Parameter verwendet. Die Parameter werden dabei, unabhängig vom jeweiligen Fahrzustand, für eine Antriebstrangkonfiguration konstant gehalten. Bei Modifikation der Antriebstrangkonfiguration werden die Parameter variiert. Durch Anpassung dieser Parameter kann das Verhalten realer Hybridfahrzeuge gut wiedergegeben werden. Sowohl für den leistungsverzweigten Hybrid als auch für die Parallelhybride kann durch Anpassung der Parameter in Abhängigkeit des Fahrzustandes ein weiteres Potential zur Verbrauchsabsenkung erwartet werden. Dies betrifft insbesondere die Rege-

lung der vom Verbrennungsmotor angeforderten Leistung zum Nachladen der Batterie (k2) und die Limitierung der Lastpunktverschiebung (k3). Der Verbrauchsvorteil des leistungsverzweigten Hybriden gegenüber den Parallelhybriden dürfte sich durch diese Maßnahme vergrößern.

- Die installierte Gesamtleistung der elektrischen Maschinen ist für leistungsverzweigte Hybride in Kompakt- und Mittelklasse Fahrzeugen ca. 3 – 4-mal so hoch wie die in Parallelhybriden. In SUV-Klasse Fahrzeugen steigt die Gesamtleistung der elektrischen Maschinen auf das fünf- bis sechsfache der Leistung in Parallelhybriden an. Analog verhalten sich die Kapazitätsanforderungen an den Energiespeicher.
- Die Optimierung erfolgte für den NEFZ unter Berücksichtigung der Zielwerte für Beschleunigung und Elastizität. Der Kraftstoffverbrauch bei höheren Leistungen (z. B. Autobahnfahrt) ist in der Optimierung nicht berücksichtigt.

5 Danksagung

Teile dieses Berichts sind das wissenschaftliche Ergebnis einer Forschungsaufgabe, die von der Forschungsvereinigung Verbrennungskraftmaschinen e.V. (FVV, Frankfurt) gestellt und am Lehrstuhl für Verbrennungskraftmaschinen der RWTH Aachen unter der Leitung von Herrn Professor Pischinger bearbeitet wurde. Das Vorhaben wurde von einem Arbeitskreis der FVV unter der Leitung von Dipl-Ing. Martin Klenk, Robert Bosch GmbH, begleitet. Diesem Arbeitskreis und insbesondere dem Obmann M. Klenk gebührt unser Dank für die große Unterstützung

6 Formelzeichen und Abkürzungen

Formelzeichen

α_G	Stufensprung zwischen zwei Gängen	[-]
ε	Verdichtungsverhältnis	[-]
η	Wirkungsgrad	[-]
η_e	Effektiver Wirkungsgrad	[-]
η_i	Innerer Wirkungsgrad	[-]
η_{LE}	Wirkungsgrad der Leistungselektronik	[-]
b_e	Effektiver spezifischer Kraftstoffverbrauch	[g/kWh]
$b_{e, opt}$	Minimaler spezifischer Kraftstoffverbrauch	[g/kWh]
c_w	Luftwiderstandbeiwert	[-]
e	Massenfaktor	[-]
E	Energie	[J]
E_{kin}	Kinetische Energie	[J]
E_{rekup}	Rekuperierbare Bremsenergie	[J]
E_{NiMH}	Energie der NiMH Batterie	[J]
f_R	Rollwiderstandbeiwert	[-]
i	Gangübersetzung	[-]
i1	Übersetzung des Planetengetriebes	[-]
k1	Maximalleistung für elektrisches Fahren	[W]
k2	Einfluss des Batterieladezustandes	[W/%SOC]
k3	Limitierung der Lastpunktverschiebung	[-]
k4	Stufensprungverhältnis	[-]
m	Masse	[kg]
m_{Fzg}	Fahrzeugmasse	[kg]
$m_{Fzg, Basis}$	Basis-Fahrzeugmasse ohne Hybridkomponenten	[kg]
M	Drehmoment	[Nm]
$M_{max, EM}$	Maximaldrehmoment der E-Maschine	[Nm]
n	Drehzahl	[min^{-1}]
N	Zähnezahl	[-]
N_{Hohl}	Zähnezahl des Hohlrads	[-]
N_{Sonne}	Zähnezahl des Sonnenrads	[-]
p_{me}	Effektiver Mitteldruck	[bar]

p_{mi}	Innerer Mitteldruck	[bar]
p_{mr}	Reibmitteldruck	[bar]
P_{Abtr}	Abtriebsleistung	[kW]
$P_{Abtr,\ elektr}$	Abtriebsleistung des elektrischen Pfads	[kW]
$P_{Abtr,\ mech}$	Abtriebsleistung des mechanischen Pfads	[kW]
P_e	Effektive Leistung	[kW]
$P_{EM\ max}$	Maximalleistung der E-Maschine	[kW]
$P_{EM1\ lim}$	Limitierte Maximalleistung im elektrischen Pfad	[kW]
P_{Lade}	Geforderte Batterie-Ladeleistung	[W]
$P_{max\ EM1}$	Maximal erlaubte Leistung im elektrischen Pfad	[W]
$P_{max\ NiMH}$	Maximalleistung der NiMH Batterie	[kW]
P_{Wid}	Fahrwiderstandsleistung	[W]
SOC	State of Charge / Batterieladezustand	[-]
SOC_{Soll}	Soll-SOC	[-]
T	Temperatur	[°C]
v	Fahrzeuggeschwindigkeit	[km/h]
V_h	Zylinderhubvolumen	[l]
V_H	Gesamthubvolumen	[l]

Indizes

max	Maximal
min	Minimal
mod	Modifizierter Motor
orig	Originalmotor
Basis	Basiswert des Originalmotors

Abkürzungen

ASM	Asynchronmaschine
CVT	Continuous Variable Transmission / Kontinuierlich verstellbares Getriebe
DISI	Direct Injection Spark Ignition
DoE	„Design of Experiments“
EM	Elektrische Maschine
Fzg	Fahrzeug
HEV	Hybrid Electric Vehicle
KW	Kurbelwinkel
LE	Leistungselektronik
Li-Ion	Lithium Ionen Batterie
NEFZ	Neuer Europäischer Fahrzyklus

NiMH	Nickel Metall Hydrid Batterie
PG	Planetengetriebe
PSM	Permanenterregte Synchronmaschine
SUV	Sport Utility Vehicle
VM	Verbrennungsmotor
VVT	Variable Valve Timing / Nockenwellen-Phasensteller

7 Literatur

/1/ J. Seibel, S. Pischinger: „*Optimized Layout of Internal Combustion Engines for Hybrid Powertrains*“, Abschlussbericht, FVV Heft 852, 2008

/2/ J. von Rango: „Grundlagen modellbasierter Versuchsplanung und –auswertung“, Schulungsunterlagen, 2008

/4/ B. Giger: „Design of Experiments – Einführung in die statistische Versuchsplanung“, 2009
www.tqu.com/downloads/doedownload.pdf

/4/ Toyoyta Homepage, 2007
www.toyota.de

Veröffentlichungen der Nordrhein-Westfälischen Akademie der Wissenschaften

Lieferbare Titel

VORTRÄGE INGENIEUR- UND WIRTSCHAFTSWISSENSCHAFTEN

8	Reinhart Poprawe, Aachen **Maßgeschneiderte optische Energie – neue Hochleistungslaser für neue Anwendungen in der Materialbearbeitung** 2004. 40 Seiten, 28 4C- und 2 s/w-Abb., ISBN 3-506-71762-6	€ 14,90/CHF 26,80
9	Alfred Voß, Stuttgart **Nachhaltigkeit der Energieversorgung und das Problem der externen Kosten** 2004. 20 Seiten, 6 s/w-Abb., ISBN 3-506-71317-5	€ 7,90/CHF 13,60
10	Benny Moldovanu, Bonn **Ökonomisches Design: Von Heiratsmärkten bis UMTS-Auktionen** Herwig Birg, Bielefeld **Das demographisch-ökonomische Paradoxon** 2004. 36 Seiten, 3 4C- und 2 s/w-Abb., ISBN 3-506-71322-1	€ 12,90/CHF 23,50
11	Uschi Backes-Gellner, Zürich **Karriereanreize für Wissenschaftler an Hochschulen im deutsch-amerikanischen Vergleich** Uwe Schöning, Ulm **Die Komplexität von Erfüllbarkeitsproblemen** 2004. 40 Seiten, 2 4C- und 6 s/w-Abb., ISBN 3-506-71321-3	€ 15,90/CHF 28,50
12	Joachim H. G. Ender, Wachtberg **Hochauflösende bildgebende Radarverfahren mit elektronisch gesteuerten Gruppenantennen** 2005. 36 Seiten, 16 4C- und 3 s/w-Abb., ISBN 3-506-72895-4	€ 9,90/CHF 18,10
13	Dieter Cassel, Duisburg **Wege zur nachhaltigen Finanzierung der Gesetzlichen Krankenversicherung** 2005. 40 Seiten, 15 4C- und 4 s/w-Abb., ISBN 3-506-72906-3	€ 9,90/CHF 18,10
14	Urs Schweizer, Bonn **Spieltheorie und Schuldrecht – Der Ersatz reiner Vermögensschäden** 2005. 28 Seiten, ISBN 3-506-72912-8	€ 7,90/CHF 14,60

---

15 Günther Meschke, Bochum
Computergestützte Prognosemodelle im konstruktiven Ingenieurbau
2005. 28 Seiten, 12 4C- und 1 s/w-Abb.,
ISBN 3-506-75683-4 € 7,90/CHF 14,60

---

16 Abdelhak Zoubir, Darmstadt
The Bootstrap: A Powerful Tool for Signal Processing
2006. 39 Seiten, 5 4C- und 13 s/w-Abb.,
ISBN 978-3-506-75698-5 € 12,90/CHF 22,00

---

17 Thomas Gries, Aachen
Textiltechnik? Textiltechnik. Textiltechnik!
2006. 35 Seiten, 31 4C-Abb.,
ISBN 3-506-75697-8 € 12,90/CHF 22,00

---

18 Fritz Klocke, Aachen
Kundennutzen durch Hochleistungsprozesse

Ulrich Kunze, Bochum
Wellen- und Teilchenphänomene im Elektronentransport durch Halbleiter-Nanostrukturen
2006. 36 Seiten, 29 4C- und 4 s/w-Abb.,
ISBN 978-3-506-76311-2 € 14,90/CHF 26,80

---

19 Werner Güth, Jena
Anspruchserfüllung und Portfolioauswahl. Theoretische Diskussion und experimentelle Evidenz
2007. 29 Seiten, 5 s/w-Abb.,
ISBN 3-506-76338-9 € 8,90/CHF 16,50

---

20 Axel A. Weber, Frankfurt a.M.
Perspektiven der europäischen Geldpolitik
2008. 23 Seiten,
ISBN 3-506-76564-2 € 7,90/CHF 14,60

---

21 Walter Krämer, Dortmund
Wer soll leben? Rationierung im Gesundheitswesen aus Statistiker- und Ökonomensicht

Heinz Fissan, Duisburg
Nachhaltige Nanotechnologie
2008. 40 Seiten, 10 4C- und 1 s/w-Abb.,
ISBN 3-506-76565-9 € 14,90/CHF 26,80

---

22 Günter R. Fuhr, St. Ingbert
***In vivo – in vitro.* Zukünftige Anforderungen an die tierische Zellkultur**
2008. 24 Seiten, 5 4C- und 1 s/w-Abb.,
ISBN 3-506-76566-3 € 8,90/CHF 16,50

---

23 Christian Brecher und Michael Merz, Aachen
Freiformoptiken für die Beleuchtungstechnik von Morgen
2008. 24 Seiten, 6 4C- und 4 s/w-Abb.,
ISBN 978-3-506-76589-5 € 8,90/CHF 16,50

---

24 Andreas Schumann, Bochum
Mathematische Modelle als Grundlage des Hochwasserschutzes
2008. 30 Seiten, 9 s/w-Abb.,
ISBN 3-506-76590-1 € 9,90/CHF 18,10

---

25 Jan Lunze, Bochum
Quantisierte Systeme: Von der kontinuierlich zur ereignisdiskreten Beschreibung dynamischer Systeme
2008. 60 Seiten, 17 4C- und 10 s/w-Abb.,
ISBN 3-506-76692-2 € 18,90/CHF 33,40

---

26 Thomas Hoeren, Münster
„Das Pferd frisst keinen Gurkensalat!“ – eine Einführung in das Informationsrecht
2008. 45 Seiten,
ISBN 3-506-76765-3 € 10,90/CHF 19,70

27 Wolfgang Schröder, Aachen
Hybrid Simulation of Flow Induced Noise
2008. 63 Seiten, 8 4C- und 44 s/w-Abb.,
ISBN 3-506-76766-0 € 19,90/CHF 34,90

28 Jürgen von Hagen und Haiping Zhang, Bonn
Finanzielle Globalisierung – 3 Puzzle und eine Erklärung
2009. 20 Seiten, 6 s/w-Abb.,
ISBN 3-506-76877-3 € 9,90/CHF 18,10

29 Herbert Gleiter, Karlsruhe
Nanoscience and Nanotechnology opening the Way to New Studies in Other Areas of Science
2009. 24 Seiten, 16 4C- und 1 s/w-Abb.,
ISBN 3-506-76878-0 € 10,90/CHF 19,70

VORTRÄGE NATURWISSENSCHAFTEN UND MEDIZIN

467 Rolf-Dieter Heuer, Hamburg
Vom Ursprung der Materie – Das TESLA-Projekt
2004. 28 Seiten, 10 4C-Abb.,
ISBN 3-506-72877-6 € 8,90/CHF 16,50

468 Konstantin-Alexander Hossmann, Köln
Der experimentelle Schlaganfall – pathophysiologische Konzepte und therapeutische Perspektiven
2005. 48 Seiten, 8 4C- und 12 s/w-Abb.,
ISBN 3-506-72896-2 € 15,90/CHF 28,50

469 Horst Halling, Jülich
Tomographische Bildgebung
2005. 36 Seiten, 54 4C- und 4 s/w-Abb.,
ISBN 3-506-72971-3 € 12,90/CHF 23,50

470 Dieter Häussinger, Düsseldorf
Zellbiologie und Klinik der zellulären Hydratation
2005. 28 Seiten, 5 4C-Abb.,
ISBN 3-506-75962-0 € 7,90/CHF 14,60

471 Jörg Hacker, Würzburg
Warum Bakterien krank machen – Zur Molekularbiologie bakterieller Pathogenitätsmechanismen
2006. 36 Seiten, 14 4C-Abb.,
ISBN 3-506-75712-1 € 10,90/CHF 18,60

472 Klaus Heinloth, Bonn
Nahrung und Energie. Schranken und Chancen im Licht des Klimawandels
2008. 83 Seiten,
ISBN 3-506-76588-8 € 20,90/CHF 36,70

473 Claus Kiefer, Köln
Wege zu einer Vereinheitlichung von Gravitation und Quantentheorie
2008. 35 Seiten, 7 4C- und 7 s/w-Abb.,
ISBN 3-506-76695-3 € 14,90/CHF 26,80

474 Katharina Kohse-Höhinghaus und Andreas Brockhinke, Bielefeld
Zuschauen bei der chemischen Reaktion. Detektivarbeit mit Lasern und Massenspektrometern
2009. 48 Seiten, 7 4C- und 8 s/w-Abb.,
ISBN 3-506-76876-6 € 15,90/CHF 28,50